Seitnotiz

www.seitnotiz.de

Dieses Buch ist mit weiterführenden Inhalten im Internet verknüpft. Sie erkennen die Verweise an dem Symbol ▤ mit darauffolgender Codenummer (z.B. GKUSA1).

Der Abruf der Inhalte erfolgt kostenlos und ohne Registrierung unter www.seitnotiz.de. Dort tragen Sie die Codenummer ein und gelangen sofort zu den Inhalten.

Bei E-Books genügt ein Klick auf die Codenummer, daraufhin werden automatisch die richtigen Inhalte abgerufen.

▤ GKUSA0 Updates, News und aktuelle Informationen zur Geschäftskultur der USA

1. Auflage 2012
© Conbook Medien GmbH, Meerbusch 2012
Alle Rechte vorbehalten.

www.geschaeftskultur.de
www.conbook-verlag.de

Projektleitung und Lektorat: Katrin Koll Prakoonwit
Konzept: Katrin Koll Prakoonwit in Zusammenarbeit mit dem Verlag
Einbandgestaltung und Satz: David Janik, Einband unter Verwendung der Bildmotive © akva/Bigstock.com, © istockphoto.com/35007
Druck und Bindung: Werbedruck GmbH Horst Schreckhase, Spangenberg

Printed in Germany

ISBN 978-3-943176-25-4

Johanna Marius

KOMPAKT

Geschäftskultur
USA

📖 GKUSA0 Updates, News und aktuelle Informationen zur Geschäftskultur der USA

Johanna Marius, geboren 1946 in München, begann ihren professionellen Werdegang als Übersetzerin und Dolmetscherin. Diese Ausbildung ergänzte sie mit anerkannten Sprach- und Trainerzertifikaten. Lange Jahre beruflicher Auslandserfahrung in den USA, in Italien, West-Samoa und West-Afrika haben sie geschult, sich intensiv mit anderen Kulturen auseinanderzusetzen. Heute leitet Johanna Marius das Münchner Institut Languages & Intercultural Training und bietet ihren Klienten maßgeschneiderte Programme für die interkulturelle Kommunikation. Dabei vermittelt sie nicht nur kulturelle Spezifika für Geschäftsreisen und Verhandlungen, sondern bringt ihr Know-how auch bei der Entwicklung strategischer Zielsetzungen ein.

Auch außerhalb ihres Instituts ist Johanna Marius international bestens vernetzt und engagiert sich für eine Verständigung zwischen den Kulturen. Ihre Tätigkeit für das Frauennetzwerk Business and Professional Women Germany e.V. hat sie bereits als Delegierte zu den Vereinten Nationen nach New York geführt. Im Network of Female Entrepreneurship Ambassadors der Europäischen Kommission ist Johanna Marius zur Business-Botschafterin berufen worden.

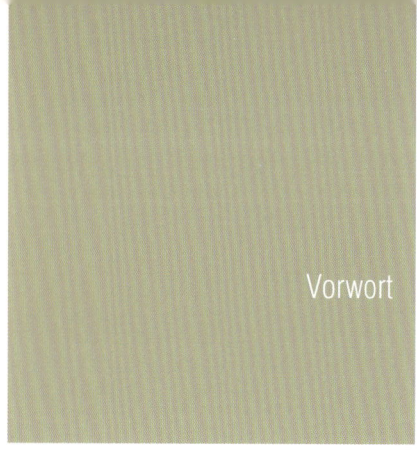

Menschen konnten noch nie so einfach über kulturelle Grenzen hinweg miteinander in Kontakt treten wie im 21. Jahrhundert. Auf dem internationalen Marktplatz wird dazu häufig in der Weltsprache Englisch kommuniziert und es ist verführerisch anzunehmen, dass sich deshalb automatisch alle verstehen. Wenn wir Englisch sprechen, übersetzen die meisten von uns ihre kulturellen und gedanklichen Konzepte mit und gehen unbewusst davon aus, dass ihre Gesprächspartner diese teilen. Das kann jedoch schnell schiefgehen. Um erfolgreich mit US-Amerikanern zu kommunizieren und zusammenzuarbeiten, sollten wir uns daher erst die dortige Kultur allgemein ansehen. Was prägt die Menschen?

Der *American way of life* zeichnet sich vor allem durch den Glauben an Erfolg (›Vom Tellerwäscher zum Millionär‹) aus. Für die disziplinierte Arbeitsweise und die Überzeugung, dass jeder erfolgreich sein kann, wenn er sich nur genug anstrengt, ist in vielen Regionen die protestantische Arbeitsmoral verantwortlich. Daneben stehen Werte wie Gleichberechtigung und Chancengleichheit, Kreativität, Hilfsbereitschaft und Freundlichkeit.

Diese und weitere kulturelle Einstellungen prägen das tägliche Geschäftsleben und spiegeln sich oft auch in der Sprache wieder: Amerikaner möchten ihre Zeit effektiv einteilen (›*Time is money.*‹). Ihre Geschäftsbeziehungen sind kurzzeitorientiert (›*Get in and get out.*‹). Informationen werden klar vermittelt und bedürfen keiner weiteren Interpretation (›*Don't second-guess me.*‹). Darüber hinaus mögen es Amerikaner nicht, wenn ihnen jemand zu nahe kommt (›*Breathing down someone's neck*‹) und sie fühlen sich nur für sich selbst verantwortlich (›*Every man to himself*‹). Amerikaner bevorzugen klare Regeln, wobei gleiches Recht für alle gilt. Ungewisse Situationen rufen hingegen Unwohlsein hervor (›*That's not the way we do it around here.*‹).

Amerikanern wird oft Oberflächlichkeit unterstellt. Das ist aus Sicht unserer deutschsprachigen Kulturen verständlich. Denn wir erwarten uns Ehrlichkeit. Amerikaner empfinden sich selbst aber nicht als oberflächlich. Für sie ist es wichtig, angenehm durch den Tag zu kommen. Und da gehören ›ehrliche‹ Antworten auf Fragen nach dem Befinden oder nach einer Meinung nicht dazu. Amerikaner sind auch nicht auf kulturelle Unterschiede eingestellt. Sie erwarten daher von Ihnen, dass Sie ebenfalls wettbewerbs- und handlungsorientiert sind und stets positive Rückmeldungen geben.

Obwohl wir uns den USA nahe fühlen, lohnt es sich, sich mit den kulturellen Unterschieden und Gemeinsamkeiten näher zu befassen. Dieses Buch ist ein kompakter kultureller Wegweiser durch das Geschäftsleben in den USA. Ich habe versucht, möglichst klar und anhand von Beispielen Situationen zu erläutern, denen Sie begegnen könnten. Es gibt natürlich regionale Unterschiede in den USA, die sich im Verhalten der Menschen widerspiegeln. Im Nordosten zum Beispiel werden Sie in den Städten ein ähnliches Arbeitstempo vorfinden wie bei uns. In den Südstaaten hingegen, wo es wegen der hohen Luftfeuchtigkeit meist schwül ist, verläuft das Arbeitsleben gemächlicher, die Leute sprechen auch langsamer. Entspannt geht es an der Westküste zu. Hier verbringen die Menschen viel Zeit draußen in der Natur. Im beruflichen Umfeld erlebt man meist keinen großen Zeitdruck, es sei denn, man arbeitet in der schnelllebigen IT-Industrie.

Daher gilt: Wie bei allem, was man über eine Kultur allgemein sagt, kann in der individuellen Begegnung auch das genaue Gegenteil möglich sein – vor allem wenn man bedenkt, dass die USA ca. 280 Millionen Einwohner haben.

Freuen Sie sich auf das Erlebnis USA. Ich wünsche Ihnen viel Spaß und viel Erfolg.

Johanna Marius

Einblicke in die amerikanische Geschäftswelt

Oft werfen wir Amerikanern eine Doppelmoral vor und kritisieren, dass es große Unterschiede gibt zwischen dem Ideal, von dem sie sprechen, und der Realität, wie wir sie sehen. Die USA sollte man jedoch nicht nur als Land verstehen, sondern auch als Konzept. Im Gegensatz zu den europäischen Staaten waren die USA nicht zuerst ein Land, das sich eine Verfassung gegeben hat, sondern sie waren eine Idee, wie man miteinander leben möchte.

Aus der amerikanischen Unabhängigkeitserklärung wird klar, dass man nach Perfektion strebt, die man nur durch Anstrengung erreichen kann. Daran glauben Amerikaner. Deshalb sind die USA eine ewige ›Baustelle‹ und man sucht immer weiter nach dem Idealzustand.

Um die Kultur eines Landes besser zu verstehen, sollte man seine Gesetze kennen. Lesen Sie die Unabhängigkeitserklärung oder zumindest ihren Anfang:

>*Wir halten diese Wahrheiten für selbstverständlich: dass alle Menschen gleich geschaffen sind; dass sie von ihrem Schöpfer mit gewissen unabdingbaren Rechten ausgestattet sind, darunter das Recht auf Leben und Freiheit sowie das Streben nach Glück. – Zur Sicherung dieser Rechte werden Regierungen unter Menschen eingesetzt, deren volle Gewalt von der Einwilligung der Regierten hergeleitet wird, – dass wenn eine Regierungsform schädigend auf diese Ziele wirkt, es das Recht des Volkes ist, sie zu ändern oder abzuschaffen und eine neue Regierung einzusetzen, die auf solchen Grundlagen entsteht, und ihre Gewalten in so einer Form ausrichtet, dass sie am ehesten die Sicherheit und Zufriedenheit garantiert. In der Tat wird die Klugheit vorschreiben, dass seit langem bestehende Regierungsformen nicht für geringfügige und vergängliche Sachen verändert werden sollen; und demnach hat die Erfahrung seitdem gezeigt, dass Menschen, so lang das Übel noch zu ertragen ist, lieber leiden und dulden wollen, als sich durch die Abschaffung solcher Regierungsformen, an die sie gewöhnt sind, selbst zu rechtfertigen. Aber wenn eine lange Reihe von Misshandlungen und Anmaßungen, stets das gleiche Ziel verfolgend, eine Absicht beweist, ein Volk unter uneingeschränkte Herrschaft zu bringen, so ist es ihr Recht und Pflicht, eine solche Regierung abzuschaffen und sich für ihre künftige Sicherheit neuen Schutz zu verschaffen.*[1]*

Im 17. Jahrhundert verließen die Quaker England, weil sie sich ungerecht behandelt fühlten. Sie wollten das Recht der freien Religionsausübung genießen. Menschen aus anderen Nationen folgten ihnen, um sich von

---

1   Heideking (2006), S. 493.

der Feudalherrschaft zu befreien. In Boston kippten im Jahr 1773 verärgerte Bürger drei Schiffsladungen Tee ins Wasser und wehrten sich so gegen die Besteuerung durch England. ›*No taxation without representation!*‹ – ›Keine Besteuerung ohne gewählte politische Vertretung!‹ war die Parole und ein Grund für den Unabhängigkeitskrieg von 1775 bis 1783. Diese Menschen wollten keine Gesetze diktiert bekommen, sondern wollten ihr Zusammenleben durch Gesetze regeln, die sie für nötig hielten. Das spiegelt sich auch im *Common Law* wider.

Das *Common Law* wurde ›*from the bottom up*‹ entwickelt, wogegen das Römische Recht, das dem deutschen Recht zugrunde liegt, ›*from the top down*‹ entstanden ist. Der Grundsatz, dass man als unschuldig gilt, bis die Schuld nachgewiesen ist, ist in den USA unumstößlich. Alle Menschen sind vor dem Gesetz gleich.

Kulturelle Prägung

Um in den USA erfolgreich Geschäfte zu machen, ist es wichtig, sich mit der dort gewachsenen Kultur allgemein auseinanderzusetzen. Welche kulturellen Werte werden von den Menschen hochgehalten?

In erster Linie ist es wohl der Glaube an Erfolg – und an den amerikanischen Traum. Daneben stehen Gleichberechtigung und Chancengleichheit, wie auch Kreativität, Hilfsbereitschaft und Freundlichkeit.

Glaube an Erfolg

In vielen Regionen ist die amerikanische Kultur durch die protestantische Arbeitsmoral geprägt worden, die sich durch Selbstverantwortung, Selbstkontrolle, Ausdauer, den Wert harter Arbeit, Vorausplanung und Ehrlichkeit auszeichnet. Wenn man sich nur genügend anstrengt, wird man erfolgreich sein. Was zählt, ist das Ergebnis. Anstrengung allein wird nicht gewürdigt. Der Ausspruch ›nice try‹ sollte daher in den USA niemals als Kompliment verstanden werden.

Dass der große Erfolg machbar ist, wurde bereits zigfach bewiesen. So gibt es in den Vereinigten Staaten viele Geschichten vom **Tellerwäscher zum Millionär**, aus der Werkstatt in der Garage an die Börse, vom Bodybuilder zum Gouverneur oder vom Erdnussfarmer zum Präsidenten. Um nur ein paar der großen Namen zu nennen: Bill Gates und Microsoft, Mark Zuckerberg und Facebook, Jerry Yang und Yahoo sowie Steve Jobs und Apple.

Wer nicht beim ersten Mal erfolgreich ist, bekommt in den USA eine zweite oder dritte Chance. Henry Ford machte beispielsweise dreimal Pleite, bevor er seinen Weltkonzern aufbaute. Das amerikanische Insolvenzrecht erlaubt einer Person oder Firma, wieder auf die Beine zu kommen.

Gleichberechtigung und Chancengleichheit

Im *American Way of Life* sind Gleichberechtigung und Chancengleichheit von größter Bedeutung. 1961 wurde das System der *Affirmative Action*, also der positiven Diskriminierung, eingeführt, um Chancengleichheit herzustellen. Das Gesetz besagt, dass die Chancen eines Menschen nicht durch Rassenzugehörigkeit, Hautfarbe, Religion, Überzeugung, Staatsangehörigkeit, Herkunft, Geschlecht, sexuelle Orientierung, Familienstand, Alter oder Behinderung beeinträchtigt werden dürfen. Minderheiten erhalten deshalb einen Vorsprung durch die Senkung der Leistungsanforderungen, beispielsweise bei der Zulassung zum Studium oder bei der Stellenbesetzung im öffentlichen Sektor.

Kreativität

Oft heißt es bei uns, dass Amerikaner keine Kultur hätten. Ihre Kreativität wird dabei vergessen. Die Künste, der kreative Ausdruck, der in Freiheit entsteht, ist ein großer kultureller Wert. Betrachtet man die Kreativität, die Filmindustrie, Musik oder Kunst dort hervorbringen, oder auch die Neuentwicklungen im IT-Bereich – wenn das nicht kreative Kultur ist, was dann?

Hilfsbereitschaft und Freundlichkeit

Amerikaner sind sehr hilfsbereit. In der Pionierzeit war gegenseitige Unterstützung für die Siedler überlebenswichtig. Bis heute ist es selbstverständlich, *neighborly,* also ein guter Nachbar, zu sein. Man denkt sich nichts dabei, nebenan nach ein paar Eiern oder Zucker zu fragen.

Was sich für unsere Ohren besonders freundlich anhört, ist in den USA der **normale Umgangston**. Viele Freundlichkeiten sind im Grunde genommen Floskeln, die erwartet werden:

›*How are you?*‹ (›Wie geht es Ihnen?‹)

›*How's life in Germany?*‹ (›Wie ist das Leben in Deutschland?‹)

›*How was your trip?*‹ (›Wie war die Reise?‹)

›*You've got to come around the house some time.*‹ (›Sie müssen uns unbedingt mal zu Hause besuchen.‹)

›Let's get together for a drink some time.‹ (›Wir können uns gerne mal auf einen Drink treffen.‹)

Auf solche Fragen werden prinzipiell **nur positive Antworten** gegeben. Einladungen darf man erst Glauben schenken, wenn sie mit einem konkreten Terminvorschlag verbunden sind.

Amerikanische Unternehmen und Geschäftspartner

Die amerikanische Volkswirtschaft verfügt über ein breites Spektrum an Unternehmen, das von Einmannbetrieben bis zu weltweit agierenden Konzernen reicht. 99 Prozent aller selbstständigen Unternehmen des Landes haben weniger als 500 Mitarbeiter. Laut der *U.S. Small Business Administration (SBA)* beschäftigen diese Kleinunternehmen 52 Prozent aller amerikanischen Arbeitnehmer. 39 Prozent der High-Tech-Beschäftigten arbeiten in mittelständischen Unternehmen.

US-Firmen weisen je nach Größe und Branche unterschiedliche **hierarchische Strukturen** auf. Das Management ist oft streng hierarchisch organisiert. Bei mittelständischen Unternehmen (bis zu 500 Mitarbeitern) findet man meist ein *Board of Directors* vor, das sich aus den Positionen *CEO (Chief Executive Officer), CFO (Chief Financial Officer)* und *COO (Chief Operating Officer)* zusammensetzt. Ihre gemeinsame Aufgabe ist die administrative, finanzielle und operative Leitung eines Unternehmens. Viele Firmen verfügen zudem über einen Marketing-Vorstand, der auf der gleichen Ebene wie z.B. der *CFO* steht. Seine Befugnisse reichen meist wesentlich weiter als die eines Marketing-Chefs in einer deutschsprachigen Firma. Arbeitnehmervertreter gibt es im *Board of Directors* nicht.

Die Grenzen zwischen Vorstand *(Board of Directors)* und Aufsichtsrat *(Advisory Board)* können in amerikanischen Unternehmen fließend sein. In einigen entspricht das *Board of Directors* in etwa Vorstand und Aufsichtsrat zusammen. Andere Unternehmen sind strenger nach dem **dualistischen System** strukturiert, indem Geschäftsleitung und Aufsicht voneinander getrennt sind. Während eine börsennotierte Firma in Deutschland generell einen Vorstand und einen Aufsichtsrat aufweisen muss, kommt es in den USA darauf an, an welcher Börse eine Firma gelistet werden möchte. Jede Börse schreibt ihre eigenen Notierungsqualifikationen und Regeln vor. Auch wenn es in einem amerikanischen Unternehmen einen Aufsichtsrat gibt, sind dessen Aufgaben und Verantwortlichkeiten meist anders geregelt als im deutschsprachigen Raum. ⇉ GKUSA1 (Organigramme großer US-Firmen)

Die US-Marktwirtschaft zeichnet sich durch ein **freies Unternehmertum**, eine **hohe Produktivität** und einen **starken Wettbewerb** aus. Erfolg ist die Maxime jedes amerikanischen Unternehmens. Tragen Mitarbeiter nicht dazu bei, werden sie ohne große Umschweife gefeuert. Denn es gibt in den USA keinen generellen Kündigungsschutz. Das ist Teil der unternehmerischen Freiheit. Der Markt wird nur in geringem Maße reguliert. Allerdings versucht die Regierung, amerikanische Unternehmen im eigenen Land vor dem internationalen Wettbewerb zu schützen. So gibt es beispielsweise immer wieder *Buy American*-**Initiativen**, die dazu aufrufen, heimische Produkte den Importen vorzuziehen.

Investoren und zukünftige Arbeitgeber aus dem Ausland, vor allen solche, die ihre Mitarbeiter aus- und weiterbilden, werden jedoch mit offenen Armen empfangen. Firmen aus dem deutschsprachigen Raum, und insbesondere das Qualitätssiegel ›**Made in Germany**‹ genießt ein hohes Ansehen. Generell steht die ›Alte Welt‹ für gute Qualität. Es ist daher für deutsche, österreichische oder Schweizer Unternehmen relativ leicht, in den USA Fuß zu fassen – sofern sie sich den dort herrschenden Regeln unterwerfen und die Gesetze des amerikanischen Marktes kennen. So besteht die Kunst vor allem darin, Produkte und Service auf Brauchbarkeit und Konkurrenzfähigkeit in den USA zu testen, sie ›mundgerecht‹ und **US-tauglich** anzubieten. Denn Fremdes und Ungewöhnliches hat hier keine große Chance auf Erfolg. Amerikanische Verbraucher sind zudem Schnäppchenjäger und machen Abstriche bei der Qualität. So sind 80 Prozent statt 100 Prozent deutsche Qualität für den US-Markt oftmals gut genug.

Die **amerikanische Geschäftskultur** zeichnet sich vor allem durch Patriotismus, Offenheit, Gleichheitsdenken, Handlungsorientierung, Gelassenheit, Leistungsorientierung, Individualismus und soziale Anerkennung aus. Amerikanische Geschäftsleute sind sehr patriotisch und stolz auf ihren *American Way of Life,* ihr Land und ihre Verfassung. Sie sind **Individualisten** und legen Wert auf Eigenverantwortung, Eigenständigkeit und Unabhängigkeit. Amerikaner sind außerdem gesellige, zugängliche und freundliche **Teamplayer.** Ihr Teamgeist wird schon von Kindesbeinen an in der Schule, vor allem durch Mannschaftssportarten, gefördert.

Das amerikanische Gleichheitsdenken drückt sich in der Arbeitswelt darin aus, dass der soziale Status nicht vordergründig bedeutend ist. Autoritäres Verhalten wird belächelt und läuft ins Leere. Wenn Sie jedoch überzeugen können, gewinnen Sie. Amerikaner sind **wettbewerbs- und handlungsorientierte** Menschen. Ihr Handeln muss einen Zweck haben, ein Ergebnis zeigen und die Zeit muss mit Aktivitäten ausgefüllt sein. Als Erster durchs Ziel zu gehen ist wichtig, denn wer erinnert sich schon an den Zweiten? Soziale Anerkennung durch positive Rückmeldungen zu Leistungen wird erwartet.

›*Easy going*‹ ist bei aller Leistungsorientierung ebenfalls wichtig. Flexibilität, Entscheidungsfreude und ein entspannter Umgang mit Fehlern zeichnen diesen Arbeitsstil aus. Versprechen und Zusagen werden oft nur gegeben, um den Moment angenehm zu gestalten, ihre Einhaltung wird nicht wirklich erwartet.

Im Kontakt mit ausländischen Geschäftspartnern und Teamkollegen stellen sich Amerikaner eher nicht auf **ungewohnte Umgangs- oder Kommunikationsformen** ein. Sie fühlen sich nicht wohl, wenn das Verhalten ihres Gegenübers ungewöhnlich ist. Amerikaner halten sich selbst für umgänglich und normal. Daher werden sie nicht verstehen, wenn Sie irgendetwas in den USA schwierig finden.[2] Es gibt wenig Verständnis für Verhalten oder Meinungen, die in den Vereinigten Staaten nicht üblich sind. Seien Sie daher immer positiv! Klagen Sie nie! Kritisieren Sie nichts und niemanden.

---

2   Vergl. Craig Storti: Americans at Work, A Guide to the Can-Do People.

Kulturelle Unterschiede erkennen – Hilfestellung aus der Wissenschaft

Mitte der Sechzigerjahre stellte die amerikanische Wirtschaft fest, dass sich ihre Produkte auf manchen ausländischen Märkten gut verkaufen ließen, auf anderen jedoch gar nicht. Interkulturelle Forscher schufen daraufhin Dimensionen, um Kulturen vergleichbar zu machen. Einer der ersten unter ihnen war Edward T. Hall[3], der seine **Kulturdimensionen** Zeit, Raum und Kontext nannte. In den Achtzigerjahren beauftragte das Unternehmen IBM Geert Hofstede[4] damit, weltweit die Kultur der eigenen Mitarbeiter zu erforschen. Hofstede entwickelte die Dimensionen Individualismus/Kollektivismus, Machtdistanz, Unsicherheitsvermeidung, Maskulinität/Femininität und Langzeitorientierung. Fons Trompenaars[5] arbeitete innerhalb seiner interkulturellen Forschung neben anderen die Dimension Universalismus/Partikularismus heraus.

Anhand dieser genannten Dimensionen lässt sich die amerikanische Kultur genauer betrachten und dem deutschsprachigen Raum gegenüberstellen. Beispiele

---

3   Vergl. Edward T. Hall: Understanding Cultural Differences.
4   Vergl. Geert Hofsteede: Lokales Denken, globales Handeln: interkulturelle Zusammenarbeit und globales Management.
5   Vergl. Fons Trompenaars: Handbuch Globales Managen. Wie man kulturelle Unterschiede im Geschäftsleben versteht.

aus der Sprache verdeutlichen die Einstellungen und Haltungen der Amerikaner im Geschäftsleben, die sich aus der jeweiligen Ausprägung einer Dimension ergeben:

Zeit

Wenn Sie mit dem stereotypen weißen angelsächsischen Protestanten *(White Anglosaxon Protestant, WASP)* zusammenarbeiten, können Sie von einem monochronen Umgang mit der Zeit ausgehen, d.h. eine Aufgabe wird nach der anderen abgearbeitet. Amerikaner möchten Herr über ihre Zeit sein und sich ihre Zeit einteilen. Dies entspricht dem Zeitverständnis im deutschsprachigen Raum.

Beispiele in der amerikanischen Sprache für den Umgang mit der Zeit

›*Time is money.*‹	›Zeit ist Geld.‹
›*There is no time like now.*‹	›Wenn nicht jetzt, wann dann?‹
›Time to market‹	›Vorlaufzeit‹
›Fast turnaround‹	›Schneller Erfolg‹

Raum

Amerikaner halten generell eine größere körperliche Distanz ein als Menschen aus dem deutschsprachigen Kulturkreis. Sie fühlen sich unwohl, wenn man ihnen zu nahe kommt. Das lässt sich gut beobachten: Dringt ein Amerikaner aus Versehen in Ihren ›privaten‹ Raum ein, beispielsweise auf der Rolltreppe oder im Vorbeigehen, wird er sich dafür entschuldigen. Sie hören ›*Excuse me.*‹ Darauf antworten Sie ›*I'm sorry.*‹, obwohl kein Schaden entstanden ist. Auch wenn ein Amerikaner sehr freundlich und zugewandt erscheint, lassen Sie sich nicht dazu hinreißen, ihn anzufassen! Das würde ihn extrem irritieren.

Beispiele in der amerikanischen Sprache für den Umgang mit Raum

›*Excuse me.*‹	›Entschuldigung. Gestatten Sie?‹
›*Too close for comfort*‹	›Zu nah, um sich wohlzufühlen‹
›*Breathing down someone's neck*‹	›Jemanden ins Genick schnaufen‹

Kontext

Unter dem Begriff ›Kontext‹ ist das Maß an Wissen zu verstehen, das man braucht, um eine Kommunikation oder eine Handlung korrekt verstehen zu können. Es wird in der interkulturellen Forschung zwischen Hoch-Kontext-Ländern und Niedrig-Kontext-Ländern unterschieden. Die USA gehören zu den Niedrig-Kontext-Ländern: Es werden viele Informationen verlangt und gegeben. Daneben wird vieles schriftlich festgehalten. Man möchte seinen Gesprächspartner stets auf dem gleichen Wissensstand halten.

Die Sprache ist klar. Es wird von Ihnen nicht erwartet, dass Sie Anspielungen, Gestik oder Körpersprache interpretieren. Amerikaner möchten genau so verstanden werden, wie sie sich verbal ausgedrückt haben. Menschen aus einem deutschsprachigen Umfeld kommt dieses Verhalten sehr entgegen. 📑 GKUSA2 (Video *Weird or just different* von Derek Sivers mit anschaulichen Beispielen für die Dimension ›Kontext‹)

Beispiele in der amerikanischen Sprache für den Umgang mit Informationen

›*To bring somebody up to speed*‹	›Jemanden auf den gleichen Stand bringen‹
›*Level playing field*‹	›Gleiche Voraussetzungen für alle Beteiligten‹
›*Don't second-guess me!*‹	›Interpretiere mich nicht!‹

Individualismus/Kollektivismus

Die Dimension ›Individualismus/Kollektivismus‹ nach Hofstede kennzeichnet, für wen sich Menschen verantwortlich und zu wem sie sich zugehörig fühlen. Ist es die Nuklearfamilie (Vater, Mutter, Kinder) oder die erweiterte Familie, die Großeltern, Onkel und Tanten einschließt? Im individualistischen Amerika ist jeder seines Glückes Schmied. Jeder ist in erster Linie für sich selbst verantwortlich. Es gibt keine Gruppenzugehörigkeit, die einen möglicherweise zurückhält, weil man beispielsweise nicht in einen gewissen Stand hineingeboren ist. Was zählt, ist einzig die eigene Leistung.

Hofstede hat eine Rangordnung geschaffen, in der die Länder anhand von Zahlenwerten (1 bis 100) verglichen werden. Dies soll nur der Orientierung dienen und in keiner Weise als absolute Wahrheit verstanden werden. Alle Zahlen spiegeln lediglich Tendenzen wider.

Folgende Werte zeigen, wie individualistisch Menschen einer Kultur geprägt sind

Österreich	55
Deutschland	67
Schweiz	68
USA	91

Beispiele in der amerikanischen Sprache für den starken Individualismus

›*You make your own luck.*‹	›Du bist deines Glückes Schmied.‹
›*Every man to himself*‹	›Jeder ist auf sich selbst gestellt.‹
›*Just do it!*‹	›Tu's einfach!‹

Machtdistanz

Die Dimension ›Machtdistanz‹ zeigt auf, wie viel Ungleichheit in einer Gesellschaft akzeptiert wird. Amerikaner haben wie die deutschsprachigen Länder eine geringe Machtdistanz. Macht *(power)* ist ein positiver Begriff, der geachtet wird. Bevormundung, Kontrolle und autoritäres Verhalten werden weder erwartet noch akzeptiert. Hierfür gibt es viele Beispiele: Ein amerikanischer Präsident trägt seinen Koffer selbst. Man dankt dem Personal für den Service, auch wenn es dessen Aufgabe ist und es dafür bezahlt wird.

Folgende Werte zeigen, inwieweit Menschen einer Kultur Ungleichheit akzeptieren

Österreich	11
Schweiz	34
Deutschland	35
USA	40

Das ist ein sehr interessantes Ergebnis, denn obwohl in Österreich Titel relativ häufig verwendet werden, ist die Machtdistanz wesentlich geringer als in den USA.

Beispiele in der amerikanischen Sprache, wenn jemand versucht, sich über andere zu stellen

›He puts on his pants one leg at a time.‹	›Er kocht auch nur mit Wasser.‹
›They've forgotten where they come from.‹	›Sie haben vergessen, woher sie kommen.‹
›He's pulling rank.‹	›Er setzt seine Autorität ein, demonstriert seine Stellung.‹
›They're too big for their britches.‹	›Dreist, größenwahnsinnig werden‹
›They have to be cut down to size.‹	›Sie müssen zurechtgestutzt werden.‹

Unsicherheitsvermeidung

Unsicherheitsvermeidung lässt sich definieren als der Grad, bis zu dem die Mitglieder einer Kultur sich durch nicht eindeutige oder unbekannte Situationen bedroht fühlen. Bei einer starken Unsicherheitsvermeidung besteht ein Bedürfnis nach geschriebenen und ungeschriebenen Regeln. Was anders (fremd) ist, wird als gefährlich eingestuft. Abweichende Gedanken und Verhaltensweisen werden unterdrückt. Es besteht ein Widerstand gegen Innovation. Bei einer schwachen Unsicherheitsvermeidung ist die Toleranz gegenüber abweichenden und innovativen Gedanken und Verhaltensweisen hoch. Innovative Ideen sind in den USA willkommen. Verhalten, das fremd und ungewöhnlich wirkt, ist es jedoch nicht. Amerikaner glauben nicht, dass Ausländer (Fremde) wirklich anders sind. Deshalb ist es wichtig, sie nicht mit ungewohnten Verhaltensweisen zu konfrontieren.

Folgende Werte zeigen, wie stark Menschen einer Kultur Unsicherheit vermeiden

Österreich	70
Deutschland	65
Schweiz	58
USA	46

Beispiele in der amerikanischen Sprache für eine schwache Unsicherheitsvermeidung

›Limits are self–imposed.‹	›Grenzen erlegt man sich selbst auf.‹
›Every cloud has a silver lining.‹	›Wo Schatten ist, ist auch Licht.‹
›Look on the bright side!‹	›Seh'n Sie's positiv!‹
›Trying harder is the solution.‹	›Mehr anstrengen, dann klappt es.‹

Maskulinität/Femininität

In seinem Buch *Lokales Denken, globales Handeln* definiert Hofstede eine Gesellschaft als maskulin, wenn die

Rollen der Geschlechter emotional klar voneinander abgegrenzt sind: Männer haben bestimmt, hart und materiell orientiert zu sein, Frauen müssen dagegen bescheiden und sensibel sein. Sie sollten Wert auf Lebensqualität legen. Als feminin bezeichnet er eine Gesellschaft, wenn sich die Rollen der Geschlechter emotional überschneiden: Sowohl Frauen als auch Männer sollen bescheiden und feinfühlig sein. Beide Geschlechter legen Wert auf Lebensqualität. Nach dieser Definition herrscht in den USA wie auch in den deutschsprachigen Ländern eine maskuline Kultur vor.

Folgende Werte zeigen, wie maskulin eine Kultur erscheint

Österreich	79
Schweiz	70
Deutschland	66
USA	62

Beispiele in der amerikanischen Sprache für eine hohe Maskulinität

›Every man to himself‹	›Jeder ist auf sich gestellt.‹
›It's a man's world.‹	›Die Welt gehört den Männern.‹

Langzeitorientierung

Wie viel Zeit wird darauf verwendet, eine Geschäftsbeziehung zu etablieren? Wie lange soll sie dauern? Im Geschäftsleben investieren Amerikaner nicht viel Zeit in den Aufbau eines geschäftlichen Kontakts. Sie werden ungeduldig, wenn man versucht, eine persönliche Ebene herzustellen. Im Vergleich zu Deutschen, Österreichern und Schweizern sind Amerikaner eher kurzzeitorientiert. Geschäftskontakte werden zu einem bestimmten Zweck geknüpft, das Geschäft wird abgeschlossen und man geht seiner Wege – bis zum nächsten Deal.

Folgende Werte zeigen die Langzeitorientierung in einer Kultur

Schweiz	40
Österreich	31
Deutschland	31
USA	29

Beispiele in der amerikanischen Sprache für eine geringe Langzeitorientierung

›Get in and get out‹	›Eintreten, abschließen, sich verabschieden‹
›Quicker is better.‹	›Schneller ist besser.‹
›Fast turnaround‹	›Schneller Erfolg‹
›Get on with it!‹	›Mach schon!‹
›The three B's: Be brief. Be bright. Be gone.‹	›Drücke dich knapp aus, sei gescheit, und gehe deiner Wege.‹

Universalismus/Partikularismus

Nach Fons Trompenaars wird in einer universalistischen Kultur davon ausgegangen, dass für alle Menschen die gleichen Gesetze und Regeln gelten. In einer partikularistischen Kultur werden hingegen bestimmten Personen

Privilegien eingeräumt. In den USA gilt der Universalismus – gleiches Recht für alle. Jeder wird höflich behandelt, ohne das Ansehen einer Person oder ihre Stellung zu berücksichtigen. Mancher *CEO* ist sich nicht zu fein, im Büro seinen Kaffee selbst zu kochen.

Folgende Prozentwerte zeigen, wie universalistisch die Menschen einer Kultur eingestellt sind

Schweiz	97 %
USA	93 %
Deutschland	87 %
Österreich	*keine Angaben*

Beispiele in der amerikanischen Sprache gegen Partikularismus

›*Who does he think he is?*‹	›Für wen hält der sich eigentlich?‹
›*He's too good to do something.*‹	›Er ist sich zu gut dafür.‹
›*Level playing field*‹	›Keiner wird bevorzugt.‹

Alle hier beschriebenen Zuordnungen sind zwar Verallgemeinerungen, aber in der ein oder anderen Form werden Sie diese Verhaltensweisen bei Ihren amerikanischen Geschäftskontakten entdecken.

Sie haben interessante potenzielle Geschäftspartner in
den USA entdeckt? Der nächste Schritt ist die Kontaktaufnahme. Hier gibt es viele Möglichkeiten. Denken Sie aber daran, dass für Amerikaner Zeit Geld ist
und sie zudem mit ihnen ›fremden‹ Dingen nicht gut
umgehen können. Schreiben Sie im ersten Schritt eine
E-Mail, in der Sie kurz und knapp Ihr Angebot bzw.
Ihr Anliegen erläutern. Stellen Sie den Nutzen für Ihren potenziellen Geschäftspartner deutlich dar.

Dann rufen Sie an. Beachten Sie den Zeitunterschied. Fragen Sie nach, ob Ihr Gesprächspartner gerade Zeit hat *(›Is this a good time?‹)* und präsentieren Sie
ihm prägnant den Nutzen Ihrer Idee. Bereiten Sie sich
dementsprechend gut auf das Gespräch vor. Englisch
mit deutschem Akzent zu sprechen, ist in den USA
kein Problem. Wichtiger ist, dass Sie kurze klare Sät-
ze formulieren und wortreiche Erklärungen vermeiden.
Keep it simple!

Ist Ihr Gesprächspartner an Ihrer Idee interessiert, wird er es deutlich sagen. Schlagen Sie einen Besuch vor. Der persönliche Kontakt ist oft der gewinnbringendste.

Geschäftspartner auf einer Messe treffen

Die Handelskammern laden immer wieder zu Messebesuchen in amerikanischen Wirtschaftsregionen ein. Reisen Sie mit einer Delegation, werden alle Vorbereitungen getroffen, damit Sie vor Ort die richtigen Leute kennenlernen. Wenn Sie alleine reisen, sollten Sie sich vorher einen Ausstellerkatalog besorgen und sich gezielt die Firmen heraussuchen, mit denen Sie sprechen möchten. Vereinbaren Sie am besten vorab Gesprächstermine.

Sind Sie als Aussteller auf einer Messe in den USA, präsentieren Sie Ihre Produkte ansprechend. Halten Sie kleine kreative Give-Aways bereit, die einen Hinweis auf Ihr Produkt oder Ihren Service geben, um die Besucher an Ihren Messestand zu locken. **Gehen Sie auf die Messebesucher direkt zu!** Betreiben Sie Small Talk: ›*Hi. How are you?*‹

Besucher, die an Ihren Stand herantreten, erwarten nicht, dass Sie ihnen die Hand geben. Verwenden Sie im Kundengespräch das höfliche ›*Madam*‹ (sprich: ›Määm‹) oder ›*Sir*‹. Erst nachdem Sie sich vorgestellt haben, werden Sie, wie in den USA üblich, zum Vornamen übergehen. Vergessen Sie nie, dass auch im direkten Gespräch für Amerikaner gilt: Zeit ist Geld. Stellen Sie den Vorteil der Zusammenarbeit mit Ihnen, Ihrer Firma und den Nutzen Ihres Produktes klar in den Vordergrund. Überreichen Sie am Ende des Gesprächs auf jeden Fall Ihre Visitenkarte und Informationsmaterial.

Während einer Messe können Sie die Gelegenheit nutzen, potenzielle Kunden oder Partner zu einem Essen einzuladen. *Business breakfast, business lunch, business dinner* – alles ist möglich. Das Restaurant, das Sie auswählen, sollte angemessen, aber nicht übertrieben teuer sein. Sie können im Vorfeld mit dem Büro Ihres Kontakts sprechen und nachfragen, welche Küche er bevorzugt. Das zeigt, dass Sie sich Gedanken gemacht haben. Übernehmen Sie die Rechnung. (Mehr zum Thema Geschäftsessen finden Sie in Kapitel 8, ab Seite 82) Viele große amerikanische Firmen organisieren während einer Messe eine Abendveranstaltung, zu der sie alle Interessenten einladen.

Leistungen und Produkte präsentieren

Printmaterialien für die Darstellung Ihrer Produkte können Sie in den USA relativ frei gestalten. Bauen Sie Ihre Broschüren und Flyer **übersichtlich** auf – immer mit dem Kundennutzen im Blick. Die Bilderwelt sollte Ihrem Produkt entsprechen. Weibliche Reize werden in der amerikanischen Werbung weniger freizügig gezeigt als im deutschsprachigen Raum. Beachten Sie bei der Farbwahl, dass Grün und Rot in den USA klassische Weihnachtsfarben sind. Gelb und Orange werden oft für die Verpackung von Billigprodukten verwendet.

Vergewissern Sie sich, dass verwendete Symbole ›kulturtauglich‹ sind und zu keinen Missverständnissen führen. Das gleiche gilt für Slogans, die Sie ins Englische übersetzen. Deshalb ist es wichtig, einen amerikanischen Muttersprachler zu Rate zu ziehen. Denken Sie bei Telefonnummern außerhalb der USA daran, dass Sie die Ländervorwahl angeben. Falls Sie Maße und Gewichte nennen, beachten Sie, dass in den USA das metrische System nicht verwendet wird.

Online-Auftritt

Ihr Online-Auftritt sollte ebenfalls klar und übersichtlich gestaltet sein. Ideal ist, wenn wichtige Informationen mit maximal zwei Klicks zugänglich sind. Eine Video-Präsentation in gutem Englisch ist für Amerikaner Standard.

Stellen Sie auch online den **Kundennutzen** in den Vordergrund. Deutschsprachige Webseiten bieten oft zu viel Historie und Hintergrundwissen. Es ist sicherlich nicht falsch, die Firmengeschichte und die Produktentwicklungen darzustellen. Aber das erste, was ein amerikanischer Kunde lesen will, ist, warum er mit Ihnen zusammenarbeiten oder Ihr Produkt kaufen soll.

Was wird als wertig und seriös angesehen? Recherchieren Sie Ihre amerikanische Konkurrenz und Ihre Zielgruppe. So erhalten Sie einen guten Eindruck, was von Ihnen erwartet wird – und können Ihre User mit mehr überraschen!

Visitenkarten

Visitenkarten sollten in den USA das gleiche Standardformat wie in den deutschsprachigen Ländern aufweisen. Andere Formate sind nicht gerne gesehen, weil die Visitenkarten dann nicht in die vorgesehenen Etuis passen.

Auf Ihren Visitenkarten sollten alle relevanten Daten vorhanden sein: Firmenname und Logo, Ihr Name einschließlich Titel (in englischer Übersetzung), sämtliche Kontaktdaten und die Telefonnummer mit internationaler Vorwahl.

Zweisprachige Visitenkarten, eine Seite auf Deutsch, die andere auf Englisch, sind eine Möglichkeit. Jedoch nutzen amerikanische Firmen häufig die Rückseite, um ihr Alleinstellungsmerkmal und ihren Claim darzustellen. Diese Gestaltungsalternative sollten Sie ebenfalls in Betracht ziehen.

Kontaktpflege

Mit Ihren neuen Geschäftspartnern möchten Sie natürlich in Kontakt bleiben. Senden Sie eine Nachricht, wenn Sie nach Ihrem USA-Besuch wieder in Ihrer Heimat sind. Bedanken Sie sich für die interessanten Gespräche. Rufen Sie Ihre Kontakte an, aber nicht nur, um sich wieder einmal zu melden. Das verstehen Amerikaner nicht. Berichten Sie lieber über eine Neuigkeit oder machen Sie ein weiteres Angebot. Kleine Aufmerksamkeiten, ein Buch- oder ein Linktipp zu einem Thema, das mit Ihrer Geschäftsbeziehung oder den Interessen Ihrer Geschäftspartner zu tun hat, werden immer geschätzt. Nicht zu viel, aber immer mal wieder eine Kleinigkeit, das festigt die Beziehung. Verlinken Sie sich außerdem mit Ihren Kontakten über die gängigen **Social Media-Plattformen**.

Schicken Sie Grußkarten zu Weihnachten, aber keine mit den Worten ›Merry Christmas‹ – das ist politisch nicht korrekt. Schreiben Sie ›*Season's Greetings*‹, denn Sie wissen wahrscheinlich nicht mit Sicherheit, welchen Glaubens Ihre Geschäftspartner sind. Wenn man bedenkt, dass es in den Vereinigten Staaten ca. 300 verschiedene Religionen gibt, ist diese neutrale Form am besten. (Mehr zum Thema Religion finden Sie auf Seite 97)

Steht die Geschäftsbeziehung auf sicheren Beinen, würden sich Ihre amerikanischen Geschäftspartner sicherlich auch über eine **Einladung** nach ›*Good Old Germany*‹ freuen. Keine Sorge, ›Einladung‹ heißt nicht, dass Sie alle Kosten übernehmen müssen. Sie werden lediglich bei der Organisation der Reise helfen und ab und zu Gastgeber sein. Sie können Ihre Gäste zum Essen einladen oder gemeinsam Golf spielen.

Amerikaner haben eine kurze Zeitorientierung und verfolgen hauptsächlich geschäftliche Interessen. Jedoch tätigen auch sie ihre Geschäfte leichter und lieber mit Menschen, die sie persönlich ein wenig kennengelernt haben. Beziehungspflege ist daher im Geschäftsleben immer wichtig. Allerdings muss man in den USA **die berufliche und die private Ebene strikt voneinander trennen**. Denn Sie wollen auf jeden Fall den Eindruck vermeiden, dass Sie eine gute persönliche Beziehung geschäftlich ausnutzen. Erwarten Sie also nicht, dass ein amerikanischer Geschäftspartner Ihren persönlichen Kontakt über eine geschäftliche Entscheidung stellt, die für ihn und seine Firma wichtig ist. Auch bei Verhandlungen wird er sich nicht weniger zielorientiert zeigen, wenn er am Tag zuvor mit Ihnen Golf spielen war. Versuchen Sie daher nicht, bei Entscheidungen oder Verhandlungen Ihre gute Beziehung ins Spiel zu bringen. Das hätte sofort einen schlechten Beigeschmack. Man kann natürlich auch in den USA Beziehungen strategisch aufbauen und ein Netzwerk entwickeln. Aber es darf niemals der Eindruck entstehen, dass man eine Bevorzugung erwartet.

Auf einen Blick

- Für den Erstkontakt empfiehlt sich eine knappe E-Mail, in der Sie den Nutzen Ihres Angebots klar herausstellen. Rufen Sie dann gut vorbereitet an. Ist Ihr Kontakt interessiert, schlagen Sie ein persönliches Treffen vor.
- Gehen Sie auf Messen, um Geschäftspartner direkt vor Ort kennenzulernen.
- Bereiten Sie alle Informationen (Präsentationen, Printmaterialien, Online-Auftritt) US-tauglich auf. Stellen Sie immer den Kundennutzen in den Vordergrund. *Keep it simple!*
- Halten Sie Ihre neu geknüpften Kontakte aufrecht.
- Erwarten Sie zu keinem Zeitpunkt, dass Ihre persönliche Beziehung geschäftliche Entscheidungen beeinflusst.

Achtung!

- Erzählen Sie Ihre Firmenhistorie nur, wenn Sie ausdrücklich danach gefragt werden. Amerikaner interessieren sich nicht für umfassende Hintergrundinformationen. Sie wollen in erster Linie den Nutzen der Geschäftsbeziehung wissen.

3

Kommunikation und Wirkung

Amerikaner haben eine Regel: ›Wenn du verkaufen willst, sprich die Sprache deines Kunden. Wenn du verhandeln willst, sprich deine eigene Sprache!‹ Es ist eher unwahrscheinlich, dass Sie in den USA Verhandlungen auf Deutsch führen können. Natürlich wird Englisch gesprochen, möglicherweise mit regionalem Akzent: An der Ostküste ist die Sprechgeschwindigkeit hoch, im Süden hören Sie einen melodisch langsamen Singsang, im Mittelwesten bis an die Westküste wird etwa genauso schnell gesprochen wie bei uns. Ein verhandlungssicheres Englisch beinhaltet in den USA mehr als nur Vokabeln und Grammatik. Amerikaner legen Wert auf Förmlichkeit, wobei vor allem der Ton die Musik macht! Wenn Deutsche Englisch sprechen, klingt dies für amerikanische Ohren harsch und unfreundlich. Die Kommunikation wird meist als zu direkt empfunden. ›*Must*‹ oder ›*have to*‹ sind beispielsweise **Reizwörter**, die Sie im Gespräch mit Amerikanern unbedingt vermeiden sollten. Ist Ihnen schon einmal aufgefallen, wie oft wir in Deutsch ›müssen‹? Im Englischen ist es nur in Ordnung, wenn Sie ›must‹ auf sich selbst beziehen: ›*I must …*‹. Auf gar keinen Fall sollten Sie jedoch anderen vorschreiben, was zu tun ist: ›*You must…*‹ oder ›*… you have to …*‹ sind tabu. Sagen Sie stattdessen ›*I need you to …*‹, ›*It would be great if you could ….*‹ oder ›*How about …?*‹. GKUSA3 (Video *Business English interkulturell* mit Beispielen für die Unterschiede im Umgangston)

Ein österreichischer Tonfall klingt für Amerikaner oft freundlicher. Österreicher sprechen melodiöser und weniger schnell. Auch Schweizer übertragen meist ihre Sprachmelodie ins Englische. Sie sind generell weniger direkt als die Deutschen und werden daher von Amerikanern oft als höflicher empfunden. Bringen Sie Ihr Englisch auf ein verhandlungssicheres Niveau oder lassen Sie sich von einem Kollegen begleiten, der die Sprache und die Kultur kennt. Wenn Sie sich nicht sicher sind, ob Sie etwas richtig verstanden haben, fragen Sie nach. Amerikaner wollen nicht interpretiert werden.

Begrüßung und Vorstellung

Stehen Sie erstmals Ihrem neuen amerikanischen Geschäftspartner persönlich gegenüber, wird dieser Sie mit Handschlag begrüßen und sich vorstellen. Der Dialog könnte in etwa so verlaufen:

»*Good morning, Markus, welcome to … It's a pleasure to meet you. I'm Bill Russell. So, how are you?*«

Sie sagen: »*I'm fine, thank you. Pleased to meet you, Bill. What a lovely (beautiful, …) office you have! Great location!*«

Wenn Sie sich zuerst vorstellen möchten, beginnen Sie mit: »*Mr. Russell, I'm Markus Hofer of XYZ GmbH. It's a pleasure to meet you.*«

Mr. Russell sagt: »*Hello Markus, please call me Bill. It's great to meet you. How are you?*«

Sprechen Sie Ihren Gesprächspartner zunächst mit seinem Nachnamen an, denn es gibt nichts Peinlicheres als sich in der Förmlichkeit zu irren. Wie in den USA üblich, werden Sie aber in den meisten Fällen sehr schnell dazu übergehen, sich mit dem Vornamen anzureden. Bedenken Sie aber, dass **Vornamen kein Freundschaftsangebot** sind. Gehen Sie nicht automatisch von einer freundschaftlichen Beziehung aus, wenn ein Amerikaner Sie mit Vornamen anspricht. Das ist nicht das gleiche wie das Duzen in der deutschen Sprache. Die Verwendung von Vornamen verringert zwar die Distanz. Sie wird im Englischen aber durch die Förmlichkeit der Sprache wiederhergestellt.

Zu ›*How are you?*‹ gibt es nur eine Antwort: ›*Fine, thank you.*‹ Es ist eine Floskel, um Small Talk einzuleiten und drückt kein persönliches Interesse aus. Amerikaner wären extrem irritiert, wenn Sie erzählen würden, dass Sie Kopfweh haben, weil Sie in dem lauten Hotel nicht schlafen konnten und außerdem an Jetlag leiden.

Machen Sie Personen miteinander bekannt, stellen Sie dem Ranghöheren den Rangniedrigeren vor. Es wird Ihnen aber kein Amerikaner nachtragen, wenn Sie hier einen Fehler machen. Die alte Regel, nach der man den Herrn der Dame vorstellt oder den Jüngeren dem Älteren findet keine Anwendung mehr. Das **Senioritätsprinzip** hat in den USA weniger mit dem Alter als mit Leistung, Funktion und Position zu tun. Der Ranghöhere hat den Vortritt.

Titel und Qualifikation

Im deutschsprachigen Raum ist es üblich, einen Titel, so vorhanden, in der Anrede zu verwenden. In den USA ist es anders. Wenn Sie also Dr. Hofer oder Professor Dr. Hofer sind, erwähnen Sie Ihren Titel nicht. Ein Amerikaner könnte denken: ›Er hält sich wohl für etwas Besonderes.‹ Sprechen auch Sie Ihr Gegenüber nicht mit Titel an.

Titel dienen auch nicht dazu, die Qualifikation einer Person klarzustellen. In den USA wird per se davon ausgegangen, dass Sie der richtige Mann oder die richtige Frau sind, wenn Sie zu einem bestimmten Anlass erscheinen. Amerikaner schätzen deshalb ein **selbstbewusstes Auftreten**. Understatement wird hingegen nicht oder falsch verstanden. In den deutschsprachigen Ländern gibt man seine Visitenkarte gleich bei der Begrüßung, um dem anderen zu zeigen, mit wem er es zu tun hat. In den USA überreichen Sie Ihre Karte am Ende einer Begegnung. Denn mit der Visitenkarte wollen Sie lediglich Ihre Kontaktdaten hinterlassen.

Status und Statussymbole

Wie erkennt man den Status eines Amerikaners? Das große teure Auto ist es nicht unbedingt, obwohl ein Hummer-Geländewagen für $ 130.000 seine Wirkung nicht verfehlt. Das ›corner office‹ mit gediegener Einrichtung bietet einen Hinweis auf die herausragende Stellung einer Person in einer Firma. Gleiches gilt für den konservativen Anzug oder das Kostüm mit elegantem

Schnitt. Bei Luxusgütern gibt es einen Preisverfall, sodass die offensichtlichen Statussymbole wie Schmuck oder elektronische Geräte nicht unbedingt Aufschluss über die soziale Stellung einer Person geben. **Persönlicher Service**, den man sich leisten kann, deutet dahingegen sehr viel mehr auf den Status hin: Wo und von wem man kochen lässt, wer einem die Haare schneidet, wohin man seine Kinder zum Nachhilfeunterricht schickt, welche Ärzte und Therapeuten man konsultiert – solche Informationen hinterlassen Eindruck.

In welchen **Clubs** Ihr amerikanischer Gesprächspartner Mitglied ist, gibt ebenfalls Aufschluss über seinen sozialen Status. Er wird vielleicht auch in einem Nebensatz erwähnen, an welcher Universität er studiert hat, und damit die Reichweite seines ›Old Boys Network‹ durchblicken lassen. Amerikaner sind stark individualistisch, deshalb existiert eine Gruppenorientierung im Geschäftsleben eigentlich nicht. Mitgliedschaften in Berufsverbänden und Club-Zugehörigkeiten können aber von Bedeutung sein.

Als Europäer werden Sie während eines ersten Kennenlerngesprächs Informationen zum Status einer Person vielleicht nicht immer auf den ersten Blick erkennen und einordnen können. Daher gilt die Grundregel: Werden solche Informationen fallen gelassen, zeigen Sie Anerkennung.

Kommunikationsstil

Pfirsich und Kokosnuss treffen sich. Pfirsich ist freundlich, aufgeschlossen, erzählt viel, bietet Hilfe an, lädt ein.

Kokosnuss, ernsthaft, zuverlässig, glaubt, sie hat einen Freund gewonnen, weil Pfirsich persönliches Interesse an ihr gezeigt hat, das Gesagte ernst genommen hat. Kokosnuss erwartet von Pfirsich Verbindlichkeit – und ist enttäuscht. Wer ist der Pfirsich und wer die Kokosnuss? Die Antwort kennen Sie! Die harte Schale und der süße Kern der Kokosnuss – das sind die Deutschen. Das saftige Äußere und der harte Kern des Pfirsichs – das sind die Amerikaner.

Amerikaner schätzen eine **angenehme Atmosphäre**. Diese zu schaffen und zu wahren, ist für sie von größter Bedeutung. Im frühesten Alter lernen Amerikaner schon, auf andere zuzugehen, freundlich und hilfsbereit zu sein. Sie werden von Kindesbeinen an für jede kleinste Leistung gelobt. Das schafft Selbstvertrauen und prägt den Kommunikationsstil: Immer positiv!

Werten Sie die **Offenheit** der Amerikaner nicht nach Ihren Maßstäben als den frühen Beginn einer Freundschaft. Es kann so sein, jedoch liegt auch in den USA zwischen dem Kennenlernen und einer Freundschaft ein langer Weg. Stempeln Sie außerdem die stets **positive Haltung** der Amerikaner nicht als reine Oberflächlichkeit ab. Sehen Sie auch die damit verbundenen Vorteile: Wenn Sie beispielsweise in den USA neu in eine Firma kommen, haben Sie zehn Pluspunkte. Sie gehören von Anfang an dazu. In den deutschsprachigen Ländern fangen Sie bei null an – oder bei unter null, wenn Sie Pech haben. Sie müssen sich beweisen, erst dann gehören Sie dazu.

Im Geschäftsleben pflegen und schätzen Amerikaner eine **direkte Kommunikation**. Seien Sie höflich und freundlich, aber sagen Sie nichts durch die Blume.

Wahrscheinlich würde es nicht verstanden werden. Lassen Sie Ihren Gesprächspartner ausreden. Machen Sie aber keine zu langen Pausen, wenn Sie weitersprechen möchten. Amerikaner werden diese Pause nutzen, um das Gespräch selbst fortzuführen. Schweigen könnten sie als mangelndes Interesse oder gar als Ende des Gesprächs auslegen.

Ob Amerikaner expressiv oder reserviert sind, hat natürlich mit ihrer Persönlichkeit zu tun. Im Allgemeinen stimmt es aber schon, dass sie eher **ausdrucksstark** sind und für unser Verständnis oft zu dick auftragen: Etwas oder jemand ist nicht nur gut, sondern das absolut Beste. Nur ›gut‹ interessiert niemanden. Die deutsche Intonation klingt da im Englischen oft sehr monoton. Hören Sie sich in amerikanisches Englisch ein. Empfinden Sie Ihre Intonation als übertrieben, dann ist sie wahrscheinlich nach amerikanischen Maßstäben genau richtig.

Small Talk ist *big!*

Small Talk hat in Deutschland, Österreich und der Schweiz keinen hohen Stellenwert. Er wird oft als Zeitverschwendung betrachtet, weil man gleich ins Thema einsteigen möchte. Dabei ist Small Talk die Kunst der Konversation. Small Talk gibt Ihnen gerade im Geschäftsleben die Gelegenheit, eine gute Gesprächsbasis zu schaffen und Ihre Geschäftspartner kennenzulernen. Auch wenn Amerikaner ebenfalls sehr sachorientiert sind, ist es immer sinnvoll, etwas für eine positive Atmosphäre zu tun und eine gute Beziehung aufzubauen – beides gelingt über Small Talk am besten.

Natürlich gibt es Regeln. **Gute Themen** für Small Talk sind das Wetter, die Reise, die schöne Gegend, das schöne Büro, Essen, Sport, Hobbys, Autos und Autofahren oder auch elektronische Gadgets. Kritik, egal woran, sollte unterlassen werden. Weitere No-Gos sind Politik, Sex, Religion, Persönliches und vor allem Bemerkungen oder Witze, die wegen ihres Bezugs auf die Herkunft, Hautfarbe, Religion oder sexuelle Orientierung einer Person oder Personengruppe als politisch inkorrekt ausgelegt werden könnten. (Mehr über geeignete und zu vermeidende Themen lesen Sie ab Seite 96)

Gesprächszeiten beachten

Wichtig für eine reibungslose Kommunikation mit Amerikanern ist der richtige Umgang mit Gesprächszeiten. Beim Small Talk wird Ihnen Ihr Gesprächspartner signalisieren, wenn er zum Grund des Besuchs kommen möchte. Lassen Sie ihn das Gespräch führen. Er wird sagen: ›*Let's get down to business.*‹ Oder es wird eine Gesprächspause geben, dann hören Sie ›*...anyway...*‹. Das ist ein Hinweis, dass man zum nächsten Punkt übergehen möchte. In der Mitte eines Gesprächs kann ein nebensächlich klingendes ›*By the way*‹ den Auftakt für eine wichtige Mitteilung bilden.

Führen Sie das Gespräch, sollten Sie nach einer kurzen Einleitung von selbst **direkt zum Thema** kommen, damit Ihr Gesprächspartner weiß, worum es geht. Amerikaner haben keine Geduld für lange Erklärungen oder Ausführungen, die nicht klar zum Ziel führen. Erinnern Sie sich: Zeit ist Geld. Eine Zeitverschwendung durch eine ziellose Unterhaltung würde gegen dieses hohe Gebot verstoßen.

Wie merken Sie, wenn für Ihr Gegenüber das Gesprächsziel nicht mehr klar erkennbar ist? Sie werden Anmerkungen hören wie ›*Oh well …*‹, dann eine Pause, oder ›*I don't know …*‹ und wieder eine Pause. Am Ton können Sie heraushören, dass Ihr Gesprächspartner nicht brennend interessiert ist.

Seine Aufmerksamkeit gewinnen Sie mit **klaren Aussagen**, Erfolgsbeispielen und überzeugenden Zahlen zurück. Zum Schluss einer Unterhaltung können Sie natürlich Hintergrundinformationen liefern. Aber sagen Sie dann beispielsweise nicht nur, dass Ihre Firma schon seit 100 Jahren existiert, sondern stellen Sie konkret heraus, wie Sie Ihren Kunden seit 100 Jahren Nutzen bringen.

Zustimmung und Ablehnung

Stimmt Ihr amerikanischer Gesprächspartner einem Vorschlag zu, ist das ganz leicht zu erkennen. Sie werden auf jeden Fall ein ›*Yes*‹ hören. Es wird über weitere Schritte gesprochen. Lehnt er einen Vorschlag ab, fällt nicht unbedingt ein klares ›*No*‹. Sie erhalten eher Antworten wie ›*I'm not sure.*‹, ›*That's interesting.*‹, ›*I'll have to think about that.*‹, ›*We've never done this before.*‹ Alles, was in irgendeiner Form ausweichend klingt, ist kein ›*Yes*‹. Sie dürfen aber nachfragen: ›*What would you find practicable?*‹, ›*What would I have to change to make the matter acceptable?*‹ Erhalten Sie darauf wieder eine ausweichende Antwort, besteht kein Interesse.

Kritik äußern und Konflikte lösen

In Sachen Kritik gibt es in den USA eine unumstößliche Regel: ›Sanft zur Person, klar in der Sache.‹ Man darf niemanden vor anderen kritisieren oder jemandem die Schuld zuschieben. Ist Kritik nötig, sollte man sie auf jeden Fall **unter vier Augen** vorbringen und **mit abmildernden Hinweisen einleiten**. Machen Sie immer deutlich, dass Sie die betroffene Person sehr schätzen. Sprechen Sie dann sachlich von ›issues‹ (Themen), an denen man arbeiten müsse.

Es gibt in der amerikanischen Geschäftskultur keine Probleme, sondern immer **nur ›issues‹ oder ›challenges‹** (Herausforderungen), für die man Lösungswege sucht. Auch wenn man Sie nach Ihrer ehrlichen Meinung fragt, formulieren Sie diese möglichst positiv, sodass die angenehme Atmosphäre erhalten bleibt. Äußert ein Amerikaner Kritik, **hören Sie ganz genau hin**. Er wird Ihnen in höflichen Worten sagen, was nicht funktioniert und vielleicht auch, was er sich anders vorstellen könnte.

Ist ein **Konflikt** entstanden, sprechen Sie das Thema nach einer gründlichen Gesprächsvorbereitung an. Bedenken Sie: Es geht um Interessen, nicht um Positionen. Vielleicht beraten Sie sich auch mit einer amerikanischen Vertrauensperson, denn der Konflikt könnte auf einem interkulturellen Missverständnis beruhen.

Körpersprache

Auf der bunten Bevölkerungslandkarte der Vereinigten Staaten von Amerika finden Sie viele unterschiedliche Körpersprachen. Wir gehen jedoch wieder von dem *White Anglosaxon Protestant (WASP)* aus, dessen Körpersprache eher zurückhaltend ist. Starkes Gestikulie-

ren und bewegte Mimik werden als theatralisch eingestuft und sind im amerikanischen Geschäftsleben nicht
üblich. Halten Sie in Gesprächen mit Amerikanern den
Blickkontakt genauso, wie Sie das in Ihrer deutschsprachigen Heimat tun. Umherschweifende Blicke oder
ein gesenkter Blick wirken wenig vertrauenserweckend
oder auch devot.

Telefon, E-Mail und Geschäftskorrespondenz

Wenn Sie Ihren Geschäftspartner in den USA anrufen,
denken Sie an den Zeitunterschied! Die regulären Bü-
rozeiten sind von 9 bis 13 Uhr und von 14 bis 17 Uhr.
Grüßen Sie und sagen Sie Ihren Namen. Fragen Sie
›How are you?‹ Aus der Antwort können Sie heraushören, ob Ihr Gesprächspartner Zeit für Sie hat. Haben
Sie das Gefühl, dass es nicht passt, fragen Sie: ›Is this a
good time?‹ Ist es tatsächlich gerade ungünstig, vereinbaren Sie einen Gesprächstermin: ›When would be a good
time to talk about …?‹

Für eine erste **schriftliche Kontaktaufnahme** ist
eine förmliche Anrede empfehlenswert. Schreiben Sie
›Dear Mr.‹ oder ›Dear Ms.‹. Die Anrede ›Ms.‹ für Frauen
genauso wie ›Mr.‹ für Männer gibt keinen Aufschluss
über den Familienstand. Haben Sie keinen persönlichen Ansprechpartner, schreiben Sie ›Dear Madam or
Sir‹. Nach der Anrede können Sie einen Doppelpunkt
oder ein Komma setzen. Der erste Buchstabe des Brief-
textes wird großgeschrieben.

Achten Sie auf die passende Grußformel und setzen Sie danach ein Komma:

Anrede förmlich (Briefe und Erstkontakt per E-Mail)	Schluss förmlich (Briefe und Erstkontakt per E-Mail)
Dear Mr. Miller:	Sincerely,
Dear Ms. Muir:	Sincerely,
Dear Madam or Sir:	Very truly yours,

Schreiben Sie Ihren vollen Namen unter die Grußformel, dann kann der Empfänger wählen, wie er Sie in seiner Rückantwort ansprechen möchte: ›*Dear Hans*‹ oder ›*Dear Mr. Maier*‹. Das zeigt Ihnen die gewünschte Förmlichkeit. In E-Mails wird meist der Vorname gewählt:

Anrede professionell (in E-Mails)	Schluss professionell (in E-Mails)
Nur Vorname	Nur Vorname

Wundern Sie sich nicht über Tipp- und sonstige Fehler in amerikanischen E-Mails. Keiner nimmt sich dort die Zeit, das Geschriebene noch einmal zu lesen. Für wichtige Dinge schreibt man jedoch nach wie vor sorgfältig formulierte förmliche Briefe. Es ist generell empfehlenswert, einen **höflichen Schreibstil** zu pflegen. Daran kann niemand Anstoß nehmen. Genauso wie bei uns sollten Sie auch in der Korrespondenz mit Amerikanern immer nur das schreiben, was alle lesen dürfen. Kritische Themen sollten nur persönlich am Telefon besprochen werden.

Auf einen Blick

- Obwohl Amerikaner oft sehr locker sind, wird eine höfliche Sprache sehr geschätzt.
- Im Small Talk ist vieles unverbindlich. Es geht um die Schaffung einer angenehmen Atmosphäre. Small Talk darf vor allen Dingen kein Monolog sein.
- Kritik sollte, wenn überhaupt ausgesprochen, immer konstruktiv sein.
- Drücken Sie sich in Gesprächen knapp und klar aus. Verlieren Sie sich nicht in wortreichen Erklärungen. Amerikaner möchten das Gesprächsziel erkennen. Für lange Reden, bei denen man nicht weiß, wo sie hinführen, haben sie keine Geduld.
- Formulieren Sie positiv! Sprechen Sie nicht von Problemen, sondern suchen Sie nach Lösungen.
- Irritieren Sie Ihre Gesprächspartner nicht durch starkes Gestikulieren. Amerikaner können oder wollen nicht mit Befremdlichem umgehen.

Achtung!

- Oftmals gehen wir davon aus, dass wir verstanden werden, wenn wir in der besten Absicht sprechen. Es zählt jedoch die Wirkung, die Ihre Mitteilung auslöst. Manche Wörter, die Sie aus dem Deutschen übersetzen, können für Amerikaner Reizwörter sein, z.B. ›must‹, ›have to‹, ›problem‹, ›critical‹ und viele mehr.
- ›Don't assume!‹ Setzen Sie nicht voraus, dass Sie eine Situation richtig einschätzen. Es könnte immer anders sein. Wenn Sie sich nicht sicher sind, fragen Sie! Amerikaner möchten nicht interpretiert werden.

4

Meetings und Präsentationen

Meetings verlaufen in amerikanischen Unternehmen zielorientiert. Im Vorfeld wird eine Agenda verschickt, wobei erwartet wird, dass sich jeder auf sein Thema vorbereitet. Häufig werden auf der Agenda genaue Zeiten angegeben, die jeweils für einen Besprechungspunkt vorgesehen sind. Die Themen werden im Meeting strukturiert abgearbeitet. Normalerweise kann man nicht zu einem bereits besprochenen Punkt zurückkehren.

Geht es in einem Meeting um den reinen **Informationsaustausch**, bringen Sie mehr Informationen als nötig wie auch übersichtliche Handouts mit. Halten Sie sich ans jeweilige Thema und schweifen Sie nicht ab. Wenn es sich als nötig erweist, auf ein Nebenthema einzugehen, kündigen Sie es vorher an: ›*I need to digress now to make my point.*‹ Finden Sie vor einem Meeting heraus, wer teilnehmen wird, damit Sie Ihre Gesprächsführung darauf einstellen können. Wer anwesend ist, hängt vom Thema und seiner Tragweite ab. Wollen Sie gemeinsam mit einer Gruppe **Ideen und Pläne entwickeln**, dürfen Sie unstrukturierter vorgehen. Dann wird auch die Zeitplanung lockerer ausfallen.

Meeting-Etikette

Meetings werden pünktlich begonnen und pünktlich beendet. Kommen Sie zu spät, unterbrechen Sie das Meeting nicht durch eine Entschuldigung oder eine Erklärung. Das wäre eine Störung und Ihre Gründe interessieren höchstwahrscheinlich nicht. Am besten ist es, die Entschuldigung in der Pause vorzubringen.

Der Chef/Entscheider wird am Kopfende des Tisches sitzen, der Moderator ihm gegenüber. Hier gibt es jedoch im amerikanischen Geschäftsleben normalerweise kein striktes Protokoll. Warten Sie, bis Ihnen ein Platz zugewiesen wird. Fragen Sie, wenn Ihnen Informationen fehlen: Amerikaner werden Ihre Fragen z.B. zur Position, Funktion oder Entscheidungsbefugnis der einzelnen Teilnehmer im Raum offen beantworten. Laden Sie zu einem Meeting ein, beziehen Sie nur die Leute ein, die Sie für das Thema unbedingt brauchen.

Der **Gesprächsstil** ist in einem Meeting sachlich und höflich. Was das Multitasking betrifft, ist es in den USA nicht anders als in den deutschsprachigen Ländern. Zu Meetings werden Laptops und Handys mitgenommen, um ständig erreichbar zu sein. Während des Meetings zu telefonieren, wäre jedoch ein grober Fehler. Falls Sie unbedingt telefonieren müssen, verlassen Sie den Raum und zwar ohne irgendetwas zu sagen, damit sich die anderen nicht gestört fühlen. Erwarten Sie während des

Meetings einen dringenden Anruf, sollten Sie das vorher ankündigen.

Präsentationen

Um vor Ihrer Präsentation eine angenehme Atmosphäre zu schaffen, sollten Sie sich mit Ihren amerikanischen Zuhörern unterhalten, vielleicht bei einer Tasse Kaffee im Vorraum. Ist das nicht möglich, begrüßen Sie jeden persönlich an der Tür. Wechseln Sie ein paar nette Worte. Entspannen Sie sich. Ihr Publikum will, dass Sie gut sind! Bedenken Sie, dass aus diesem Grund in den USA oftmals nicht die Techniker/Erfinder/Entwickler ihr Produkt präsentieren, sondern geschulte Marketing-Fachleute.

Eine Präsentation vor amerikanischem Publikum benötigt einen **umgekehrten Aufbau** ≡ GKUSA4 (Das Video *Präsentation International* zeigt die Unterschiede im Aufbau einer Präsentation.) als im deutschsprachigen Geschäftsleben üblich. Sie muss kurz, prägnant und zielorientiert sein. Nicht die Firmen- oder Produkthistorie kommt am Anfang, sondern der Kundennutzen wird herausgestellt. Dann zeigen Sie die Hauptpunkte, Ergebnisse und Schlussfolgerungen. Im Anschluss erklären Sie anhand praktischer Beispiele, wie Ihr Produkt/Service funktioniert. Wiederholen Sie noch einmal, welchen Nutzen Ihre Kunden davon haben. Zum Schluss betonen Sie, warum man mit Ihnen zusammenarbeiten sollte. Nennen Sie erneut, welche Vorteile das Ihren Kunden bietet. Vergessen Sie den abschließenden **Appell** nicht, um den Auftrag zu bekommen. Sagen Sie beispielsweise: ›*I don't know about you,* *but this product makes a lot of sense to me. I think you would benefit a lot from working with us. What do you think?‹* (›Ich weiß nicht, wie Sie das sehen, aber dieses Produkt halte ich für sehr sinnvoll. Ich glaube, Sie könnten einen großen Nutzen aus der Zusammenarbeit mit uns ziehen. Was denken Sie?‹) Oder leiten Sie den nächsten Schritt ein: ›*I'll give you an estimate. Look it over. I will call you next Monday to work out the best option for you.*‹ (›Ich erstelle einen Kostenvoranschlag für Sie, den Sie nochmals prüfen können. Nächsten Montag rufe ich Sie an und wir arbeiten die beste Alternative für Sie aus.‹)

Ihr Vortrag muss immer die praktischen Aspekte in den Vordergrund stellen, denn Amerikaner haben keine Geduld für lange theoretische Ausführungen. Halten Sie Ihre Präsentation vor einem **gemischten Publikum** (*CEO,* Fachexperten, Marketing-Chef, Controller), sollte sie allgemeiner gehalten sein. Bieten Sie für Details ein gesondertes Gespräch an oder weisen Sie auf Ihr Handout hin.

Präsentationsstil

In der Kürze liegt die Würze! Informieren Sie Ihr Publikum, wie lange Ihre Präsentation dauern wird und wann Fragen gestellt werden können. Es ist besser, die Fragen auf das Ende zu verlegen, damit Sie die vorgesehene Redezeit einhalten können. Sobald Sie merken, dass die Präsentation doch länger dauern wird als zuvor angekündigt, teilen Sie das Ihren Zuhörern mit. Das **Überziehen der Zeit** kommt normalerweise nicht gut an, außer Ihre Zuhörer haben dies durch interessierte Zwischenfragen selbst verursacht. Möchten Sie Ihrem Publikum eine Freude machen, werden Sie früher fertig!

Lesen Sie auf gar keinen Fall von Ihren PowerPoint-Folien ab. Erzählen Sie möglichst frei und nutzen Sie Ihre Folien lediglich als Leitfaden. Es heißt oft, dass man beim Präsentieren witzig sein soll. Das setzt allerdings voraus, dass Ihr **Humor** dem Ihrer Zuhörer entspricht. Da dies von Mensch zu Mensch sehr unterschiedlich sein kann, ist von diesem potenziellen Minenfeld eher abzuraten.

Ein Tipp: Es gibt Situationen, in denen Sie spontan eingeladen werden, Ihr Produkt oder eine Idee zu präsentieren. Lernen Sie Ihren *USP (Unique Selling Proposition)* **auswendig** und punkten Sie, in dem sie ihn locker aus dem Handgelenk schütteln.

Handouts

Zahlenkolonnen und komplizierte Details gehören nicht in eine Präsentation. Damit diese trotzdem vermittelt werden, geben Sie Ihren Zuhörern ein Handout. Berücksichtigen Sie die unterschiedlichen Interessen, indem Sie beispielsweise für die Budgetplaner, für die Techniker und für die Marketing-Leute jeweils ein separates Handout vorbereiten.

Auf einen Blick

- Meetings verlaufen zielorientiert. Bereiten Sie sich der zuvor verschickten Agenda entsprechend vor.
- Halten Sie sich in einem Meeting an die Themenfolge. Sprechen Sie kurz und prägnant, schweifen Sie nicht ab.

- Laden Sie zu einem Meeting nur Personen ein, die das Thema wirklich betrifft.
- Starten Sie in Ihrer Präsentation mit dem Kundennutzen, dann zeigen Sie die Hauptpunkte, Ergebnisse und Schlussfolgerungen. Präsentieren Sie nur das Nötigste. Details gehören in das Handout.
- Falls Sie PowerPoint verwenden, nutzen Sie lediglich wenige Folien zum Visualisieren. Lesen Sie die Folien nicht ab.
- Lernen Sie den *USP* Ihrer Firma oder Ihres Produkts auswendig!

Achtung!

- Die größte Falle beim Präsentieren vor amerikanischem Publikum ist die Produktverliebtheit, die zu übermäßig detaillierten Erklärungen und ausschweifenden Beschreibungen führt.
- Jeder hat einen anderen Humor. Seien Sie mit witzigen Bemerkungen vorsichtig oder lassen Sie sie am besten ganz weg.

5

Verhandlungen, Entscheidungen und Verträge

Bevor Sie mit Ihren amerikanischen Geschäftspartnern in Verhandlung gehen, sollten Sie sich über vier Dinge klar werden:

1. Was genau wollen Sie erreichen?
2. Wie können Sie es durch eine gute Verhandlungstaktik bekommen?
3. Welche Zugeständnisse können Sie machen?
4. Wann müssen Sie die Verhandlungen abbrechen?

Verhandlungstaktik

Viele amerikanische Verhandlungspartner, insbesondere Großunternehmen, werden ganz klar zum Ausdruck bringen, was Sie von Ihnen im Hinblick auf Preise und Leistungen erwarten. Es wird am Verhandlungstisch nichts verdeckt, denn man hat keine Zeit, Versteck zu spielen. Oftmals herrscht ein harter und klarer Ton. Reagiert jemand gereizt, wird das im Allgemeinen nicht persönlich genommen. Seien Sie darauf gefasst, dass Amerikaner Schwächen ausnutzen und dass sie überzogene Forderungen stellen – hier ist Ihr Verhandlungsgeschick gefragt.

Es ist wichtig, dass Sie in Ihr Angebot genügend **Spielraum** einkalkulieren, sodass Sie beim Aushandeln der Konditionen nachgeben können. Ihre Spanne sollte jedoch nicht zu groß ausfallen, da Sie sonst unglaubwürdig wirken. Spielen Sie gedanklich durch, wie Ihre amerikanischen Verhandlungspartner argumentieren könnten und überlegen Sie sich entsprechende Alternativen.

Amerikaner gestalten eine Zusammenarbeit **kreativ**. Ist Ihrem Verhandlungspartner beispielsweise Ihr Produkt zu teuer, er möchte es aber unbedingt haben, kann es durchaus sein, dass er Ihnen Aktien oder eine andere Form der Beteiligung an seiner Firma anbietet. Lehnen Sie solche Angebote nicht ungeprüft ab. Manches kann sehr gewinnbringend sein.

Entscheidungen

Bevor in einem amerikanischen Unternehmen eine Entscheidung fällt, wollen alle gehört werden. Letztlich entscheidet einer und die anderen tragen die Entscheidung mit. Wer befugt ist, Entscheidungen zu treffen, hängt von der Größe der Firma ab – und ist kein Geheimnis. Fragen Sie einfach, was für eine Entscheidungsfindung nötig ist und wann Sie mit einem Ergebnis rechnen können. Ist man sich einig geworden, werden **klare Signale** gegeben.

Sie sollten sich eine Entscheidung schriftlich bestätigen lassen *(Letter of Intent)*. Wird Ihnen ein Gegenangebot unterbreitet, stimmen Sie nur zu, wenn Sie sich hundertprozentig sicher sind. Sie können immer sagen, dass Sie ein Angebot sehr gut finden, sich aber noch mit Ihren Kollegen/Partnern besprechen möchten.

In der amerikanischen Geschäftskultur können Entscheidungen **revidiert** werden. Hat man eine Entscheidung getroffen, die sich als nicht tragfähig erweist, wird sie in vielen Fällen zurückgenommen oder umformuliert.

Vertrage

Das angloamerikanische Rechtssystem unterscheidet sich grundlegend von denen in den deutschsprachigen Ländern. Weil unser Leben und Arbeiten durch nationale Vorschriften (Deutschland: BGB oder HGB) geregelt sind, fallen unsere Verträge kurz und knapp aus. Es reicht jeweils, Hinweise auf Paragrafen einzufügen. Amerikanische Verträge sind dagegen sehr lang und wortreich, denn das *Common Law* verlangt, dass **alle Eventualitäten im Vertragstext** ausgeführt werden. Es gilt normalerweise nur, was im Vertrag steht. Dinge, die weggelassen wurden, auch versehentlich oder aus Unwissenheit, können einem daher schnell zum Verhängnis werden, z. B. wenn man übersieht, wie der Schutz geistigen Eigentums in den USA geregelt wird.

Verträge aus dem Deutschen ins Englische zu übersetzen, ist daher keine Alternative. Sie würden bei einer gerichtlichen Auseinandersetzung in den USA nicht anerkannt werden. Selbst wenn Sie gut Englisch sprechen, können Sie im umgekehrten Fall nicht davon ausgehen, dass Sie die Formulierungen Ihrer amerikanischen Partner in ihrer Reichweite verstehen. Jeder US-Bundesstaat hat zudem seine eigenen Gesetze, es gibt **kein nationales Vertragsrecht**. Eine professionelle Rechtsberatung ist daher unbedingt empfehlenswert. Haben Sie sich bereits für eine Region in den USA entschieden, hilft Ihnen auch eine *Economic Development Alliance* (Weitere Informationen dazu finden Sie unter ›Informationen im Internet‹ in Kapitel 10, Seite 109) oder eine Außenhandelskammer weiter. Für Bilanz- und Steuerthemen brauchen Sie zusätzlich einen Steuerberater *(CPA Certified Public Accountant)*. Bei der Vereinbarung des **Gerichtsstands** oder der Schiedsgerichtsstelle kann in einem Vertrag ein neutraler Ort gewählt werden, z.B. die Gesetze des Staates New York oder auch die von England. Das ist für beide Seiten fair.

Ändern sich die Rahmenbedingungen (Wechselkurse, Lohnkosten), auf denen ein Vertrag basiert, wird in den USA oft **nachverhandelt**. Bei Folgeaufträgen wird auf Basis der bestehenden Vereinbarung neu verhandelt. Allerdings werden in ›guten‹ Verträgen diese Eventualitäten bereits geregelt sein.

Was tun bei Vertragsbruch?

Sorgen Sie vor Abschluss eines Vertrages für juristischen Rat. Lassen Sie sich vor allem die Konsequenzen der vertraglichen Konditionen bei Nichteinhaltung erklären. Amerikaner ziehen recht **schnell vor Gericht**, weil die Kosten einer Verhandlung einigermaßen kalkulierbar sind: Mit dem Anwalt wird ein Honorar im Voraus vereinbart und jede Partei zahlt ihre eigenen Gerichtskosten, unabhängig vom Ausgang der Verhandlung. Deshalb kann ein amerikanischer Unternehmer leichter entscheiden, wie viel ihm eine Sache wert ist.

Amerikaner verstehen sich jedoch als **vertragstreu**. Bricht Ihr Geschäftspartner den Vertrag, sollten Sie ihn damit konfrontieren und sich die Situation erklären lassen. Erst wenn der Vertragsbruch nicht wiedergutzumachen ist und Sie die Kosten nicht scheuen, sollten Sie vor Gericht gehen, um eventuelle Schadenersatzforderungen zu stellen. Grundsätzlich haben Sie als Ausländer den gleichen Zugang zu Gerichten wie US-Bürger.

Auf einen Blick

- Amerikaner sind harte Verhandler. Sie zeigen sich weniger konsensorientiert als Deutsche, Schweizer oder Österreicher, sind aber dennoch flexibel.
- Machen Sie in Verhandlungen Vorschläge und seien Sie für kreative Lösungen offen. Halten auch Sie einen Plan B parat.
- Auch wenn der Ton manchmal hart wird: Es geht immer um die Sache, nicht um die Person.
- Wer entscheidungsbefugt ist, können Sie erfragen. Wenn der Zuständige seine Entscheidung getroffen hat, wird die Vereinbarung schriftlich festgehalten.
- Holen Sie auf jeden Fall vor einer Vertragsverhandlung juristischen Rat ein, denn nur dann wissen Sie, was alles möglich ist.
- Bereits geschlossene Verträge können nachverhandelt werden.

Achtung!

- Lassen Sie sich von dem freundlichen Ton Ihrer amerikanischen Verhandlungspartner nicht zu zu großen Zugeständnissen verleiten! Ihr Ziel ist immer, die besten Ergebnisse für die eigene Seite zu erzielen: ›*The winner takes it all!*‹ Lernen Sie Ihre Verhandlungspartner rechtzeitig kennen, um sie später am Verhandlungstisch besser einschätzen zu können.
- Amerikaner erwarten mehr Information als sie zu geben bereit sind. Legen Sie deshalb nicht alle Karten auf den Tisch, sondern machen Sie Ihre Zugeständnisse nach und nach. Lassen Sie sich nicht drängen.
- Lassen Sie sich die Konsequenzen einzelner Vertragskonditionen bei Nichteinhaltung erklären. Amerikaner ziehen schnell vor Gericht.

6

Koordination und Zusammenarbeit

Amerikaner haben einen stark gegenwartsorientierten Arbeitsstil. Während ein deutschsprachiges Team viel vorausplant, um einen reibungslosen Projektablauf zu sichern, wird in einem amerikanischen Team eher spontan gearbeitet. Was erfolgreiches Arbeiten ist, wird jeweils anders definiert. Für Deutsche, Österreicher und Schweizer ist positiv, wenn im Projektverlauf so wenige Fehler wie möglich auftauchen. Für Amerikaner ist entscheidend, dass mit Fehlern effektiv umgegangen wird. Flexibilität ist effizient.

Bedingt durch einen hohen Konkurrenzdruck und um sich die Spitzenposition zu sichern, kommen in den USA oft Beta-Versionen auf den Markt. Reklamationen von Kunden werden dann genutzt, um das gleiche Produkt als ›new and improved‹ erneut auf den Markt zu bringen. Hauptsache, man ist der Erste! Die Liebe zum Detail, die vor allem Deutsche aufbringen, wird von Amerikanern oft belächelt – und nicht als besonders effizient empfunden. Wobei die deutsche Qualität ausgereifter Produkte auf dem US-Markt durchaus einen hohen Respekt genießt.

Vor diesem Hintergrund gilt für die binationale Zusammenarbeit: Halten Sie klar kommunizierte Termine ein. Teilen Sie Verzögerungen unmittelbar mit und bieten Sie Alternativen an. Seien Sie vorsichtig, es kann passieren, dass Sie Ihr amerikanischer Partner verklagt, wenn Sie vertraglich vereinbarte Fristen nicht einhalten. Regelungen zu Lieferengpässen oder ähnliches sollten daher immer vertraglich festgehalten werden.

Umgang mit Problemen

In den USA ist Information eine **Bringschuld**. Lieferanten, Kunden oder Kollegen erwarten, dass sie von Ihnen alle Informationen erhalten, die sie für eine effektive Zusammenarbeit brauchen. Gibt es im Projektverlauf Probleme, bringen Sie das Thema auf den Tisch. Beachten Sie aber: ›*There are no problems, only issues and challenges!*‹ Es gibt im amerikanischen Business-Talk keine Probleme, nur ›*issues*‹ (Themen) und ›*challenges*‹ (Herausforderungen), die es zu bewältigen gilt. Seien Sie bei der Darstellung des Sachverhalts konstruktiv und positiv. Stellen Sie die Situation dar, wie Sie sie erleben. Beschreiben Sie, welche Auswirkungen die bestehenden Probleme auf die Zusammenarbeit haben und wie Sie sich einen verbesserten Ablauf vorstellen könnten. Suchen Sie niemals den Schuldigen!

Wenn Sie in einer Lieferanten-Kunden-Beziehung erkennen, dass die Zusammenarbeit nicht funktioniert, ist es generell sinnvoll, die Kooperation zu beenden. Verträge haben Kündigungsklauseln. Ob sich Regressansprüche ergeben könnten, besprechen Sie am besten mit einem Anwalt.

Sollte die Zusammenarbeit rein aus interkulturellen Problemen heraus nicht funktionieren, bedenken Sie die **wichtigsten Grundsätze aus Sicht der Amerikaner**:

- Zeit ist Geld, also muss alles schnell gehen.
- 80 Prozent sind gut genug, sonst ist die Konkurrenz schneller.
- Nichts ist in Stein gemeißelt. Zeigen Sie mehr Flexibilität.
- Das Beste liegt noch vor uns! Bringen Sie neue Ideen ein.

Interkulturelle Teams

Ein Team muss sich erst kennenlernen, bevor es wirklich gut zusammenarbeiten kann. Das ist generell so und trifft noch stärker für ein bi- oder internationales Team zu. Ein deutsch-amerikanisches Team bringt oft sehr gute und kreative Ergebnisse hervor, wenn die unterschiedlichen Arbeitsstile optimal genutzt werden.

Entwickeln Sie im Kick-off-Meeting ein **gemeinsames Ziel- und Prozessverständnis**. Gerade wenn zwei unterschiedliche Sprachen im Spiel sind, ist es wichtig zu besprechen, wie beide Seiten das Projektziel verstehen. Werden bestimmte Konzepte unterschiedlich interpretiert? Stellen Sie sicher, dass Sie von Anfang an die gleiche Ausgangssprache sprechen! Stimmen Sie

Ihr Grundverständnis über das Projektmanagement miteinander ab und handeln Sie Spielregeln und Umgangsformen aus, die für alle Beteiligten funktionieren.

Klären Sie, wie Sie im Team mit der **Zeit** umgehen wollen. Wann werden welche Schritte in der Planung unternommen? Wird erst alles detailliert festgelegt (die deutsche Variante) oder gibt es viel Brainstorming (die amerikanische Variante)? Wie lange darf man für eine Rückmeldung brauchen? Sollen **Fehler** möglichst im Voraus ausgeschlossen werden (deutsche Vorgehensweise) oder darf man Fehler machen, die dann korrigiert werden (amerikanischer Stil)? Wie werden **Entscheidungen** getroffen?

Falls etwas nicht klappt, fragen Sie Ihre Teammitglieder nach den Hintergründen. Amerikaner verstehen ›fremdes‹ Verhalten oft nicht. Machen Sie Ihrem Team bewusst, dass jemand, der ungewohnt agiert, trotzdem gut arbeitet. Vielleicht liegt gerade in dem Verhalten ein Vorteil verborgen, der ihr Projekt weiterbringen wird?

Anerkennung ist wichtig für die Motivation der Teammitglieder! Finden Sie heraus, wie Ihre Partner Anerkennung handhaben! Werden einzelne Teammitglieder für Erfolge honoriert oder erhält grundsätzlich das gesamte Team die Anerkennung, unabhängig von der Leistung einzelner?

Virtuelle Teams

Der größte Fallstrick für virtuelle Teams ist, dass die Teammitglieder nur sehr schwer eine persönliche Beziehung aufbauen können. Denn es wird nur über Medien kommuniziert. Es passiert sehr schnell, dass Teammitglieder sich komplett falsch verstehen, da nur 20 Prozent (!) der Kommunikation durch Sprache geschieht. 80 Prozent werden durch Gestik, Mimik und Verständnis der Situation bzw. des kulturellen Bezugsrahmens vermittelt. Dies alles fällt bei einer Kommunikation auf Distanz weg. So können die besonders häufigen Missverständnisse in virtuellen Teams erklärt werden.

Um dem entgegenzuwirken, ist es wichtig, im Kickoff-Meeting **Kommunikationsregeln** einzuführen: Wie schnell wird auf eine E-Mail geantwortet? Sind drei Tage oder 24 Stunden eine akzeptable Zeit? Wer wird wann ›auf CC‹ gesetzt? Wann greifen wir lieber zum Telefon? Von jemandem nicht gleich etwas zu hören, kann Vertrauensverlust bedeuten! Oft stellen Teammitglieder wilde Vermutungen an, wenn sie keine Antwort auf Ihre E-Mails erhalten. Dabei kochen die Emotionen schnell hoch.

Deswegen ist gerade bei virtuellen Teams **Beziehungspflege** wichtig. Denn belastbare Beziehungen machen ein effektives Arbeiten auf der Sachebene erst möglich. Je häufiger sich die Mitglieder des virtuellen Teams real treffen, desto besser können die Teamphasen durchlaufen werden. Entscheidend ist, dass die Teammitglieder Vertrauen zueinander aufbauen. Wichtig sind dabei zusammen entwickelte Leitsätze, wie Ziele erreicht werden sollen. Dann steht jeder wirklich hinter seiner Arbeit. Das ist etwas anderes, als wenn die Ziele einfach in das Intranet gestellt werden. Virtuelle Teams brauchen eine gemeinsame positive Ausrichtung.

Auf einen Blick

- Amerikaner haben eine andere Definition für erfolgreiches Arbeiten: Sie planen nicht alle Details im Voraus. Um den Wettlauf gegen die Konkurrenz zu gewinnen, sind ihnen 80 Prozent oftmals gut genug. Wichtig ist ihnen außerdem, dass mit Fehlern effektiv umgegangen wird.
- Geben Sie Ihren Projektpartnern ungefragt so viel Information wie möglich, denn in den USA besteht eine Bringschuld.
- Tauchen Probleme auf, sprechen Sie diese direkt an und bringen Sie konstruktive Lösungsvorschläge ein. Suchen Sie auf keinen Fall nach einem Schuldigen.
- Im binationalen Team ist ein gemeinsames Ziel- und Prozessverständnis bedeutend. Bei der virtuellen Zusammenarbeit ist es entscheidend, sich persönlich kennenzulernen, Vertrauen aufzubauen und gemeinsame Kommunikationsleitsätze zu entwickeln.

Achtung!

- Vermeiden Sie im Kontakt mit Amerikanern Pessimismus, zu viel Theorie und schöne Reden wie auch Detailverliebtheit. Halten Sie Informationen nicht zurück. Denn all das könnte Ihnen als mangelnde Motivation bzw. Pedanterie ausgelegt werden.

Einfangen der Gegen-
perspektive – So sehen
die Amerikaner uns

Im folgenden Interview berichten drei Amerikaner über ihre berufliche Zusammenarbeit mit deutschen Geschäftsleuten:

Scott Stephens *leitet das Münchner Reiseunternehmen Bayern Trips, das Amerikanern die besonderen Seiten Bayerns zeigt. Nach seinem Studium in Deutschland ging er zunächst zurück in seine Heimat Michigan. Dort leitete er eine Fabrik für Spritzgussteile und arbeitete eng mit einem baden-württembergischen Maschinenhersteller zusammen.*

John Kirsten, *Diablo Management Group, lebt in Kalifornien und ist als Interim-Manager weltweit tätig. Er arbeitete insgesamt fünf Jahre in Deutschland.*

Dorian D. Dowdy *ist seit vielen Jahren im Rechnungswesen für Tochterunternehmen amerikanischer Firmen in Deutschland tätig. Als Dozent für Interkulturelles Management an der Universität Neu-Ulm lehrt er deutsch-amerikanische Geschäftsbeziehungen.*

Wie wirken Deutsche auf Sie in der beruflichen Zusammenarbeit?

Stephens: Deutsche wirkten auf unsere Mitarbeiter oft sehr zurückhaltend und steif. Beim ersten Kennenlernen fühlten sich unsere amerikanischen Angestellten manchmal nicht wohl, weil die deutschen Kollegen Fragen nur mit ›Ja‹ oder ›Nein‹ beantworteten. Sie erzählten auch nichts Persönliches, z.B. wie viele Kinder sie haben, ob sie verheiratet sind usw.. Knappe Antworten werden von Amerikanern als unhöflich empfunden.

Eine amerikanische Vertriebsfrau, die in Deutschland arbeitete, fand die Deutschen vor allem humorlos. Die Deutschen wiederum nahmen sie aufgrund ihrer betonten Freundlichkeit und Fröhlichkeit nicht wirklich ernst.

Kirsten: Als Führungskraft im Interim-Management habe ich die Deutschen als sehr präzise erlebt. Auf die Frage, warum sich ein Produkt nicht gut verkauft, haben Briten Ausreden parat. Franzosen erklären, dass das Produkt zu kompliziert und deshalb schwer zu verkaufen sei. Auf die gleiche Frage präsentieren Deutsche eine Karte mit allen Standorten. Sie haben einen exakten Plan, wann sie das Produkt in welchen Mengen an welchem Standort verkauft haben.

Dowdy: Perfektionistisch, bestimmend, skeptisch und eher reserviert. Deutsche erzählen recht wenig aus ihrem Privatleben. Amerikaner möchten aber gerne etwas vom Privatleben kennen, damit sie die Person einschätzen können.

Wie erleben Sie den deutschen Arbeitsstil?

Stephens: Das Planungsverhalten ist anders. Deutsche planen vielmehr voraus. Amerikaner finden, dass die Deutschen Informationen nur sehr sparsam rausrücken, keine Produktdetails nennen und nichts ausprobieren wollen. Sie wollen lieber alle Details bekommen, sie studieren und sich dann mit der Lösung zurückmelden. Deutsche wollen perfekt sein und geben sich mit 80 Prozent nicht zufrieden.

Kirsten: Ich habe die Deutschen als fleißig und ernsthaft erlebt. Ein Deutscher macht pünktlich Feierabend und schafft seine Arbeit trotzdem, wohingegen ein Amerikaner längere Stunden arbeiten würde. Ich persönlich fand die Hierarchie zum Teil sehr rigide und mir war gerade bei mittelständischen Unternehmen manchmal nicht klar, wer der Entscheider ist. Was mich bei einem Betrieb in Stuttgart erstaunt hat, war, dass die Stimmung zwischen dem Betriebsrat und dem Management so gut war. Sie haben jeden Tag miteinander gesprochen!

Dowdy: Wenn ich mit Deutschen ein Meeting halten möchte, muss ich es in der Zeit zwischen Dienstag und Donnerstag ansetzen. Am Montag verdaut man das vergangene Wochenende, ab Freitagmittag ist man schon im anstehenden Wochenende. Deutsche haben am Wochenende keine Geschäftstermine und wenn doch, muss die Ehefrau zustimmen.

Wenn man vor Deutschen Vorträge oder Reden hält, muss man sie erst von seinem Expertenstatus überzeugen. Sie sagen ›Beweis mir, dass du mehr weißt als ich.‹ Deutsche sind skeptisch. Bei Amerikanern ist das anders.

Sie gehen davon aus, dass jemand sein Thema kennt, sonst würde er keinen Vortrag darüber halten.

Wie lösen Deutsche Probleme?

Kirsten: Deutsche konzentrieren sich auf das Problem selbst und nicht auf die Politik des Problems. Der Verursacher wird schnell ausfindig gemacht. Die amerikanische Variante kostet Zeit, weil es darum geht, wie man den Hergang erläutert, ohne jemanden persönlich anzugreifen, also ›*how to tell the story*‹.

Dowdy: Sachlich und ernst. Sie wollen einer Sache auf den Grund gehen, wenn Amerikaner vielleicht mit einem ›*quick fix*‹ zufrieden wären, um eine schnelle Lösung herbeizuführen.

Wie empfinden Sie den deutschen Umgang mit der Zeit?

Stephens: Was die Amerikaner in unserer Firma überhaupt nicht verstehen konnten war, dass die deutsche Herstellerfirma im August geschlossen hatte, und dass das noch dazu für die Deutschen ganz normal war. Deutsche empfinden Dringlichkeit anders. Business ist in den USA dringend. Daher sollten Deutsche ihren amerikanischen Geschäftspartnern zeigen, dass sie ein Problem verstanden haben und es vordringlich behandeln werden. Das kann man leicht ausdrücken: ›*Yeah! I can see that that is difficult. Send me the data and I'll get to work on it immediately.*‹ So wird Vertrauen aufgebaut. Sagen Sie nicht nur: ›Ja, ich kümmere mich darum.‹ Damit wird ein Amerikaner nicht zufrieden sein.

Dowdy: Wenn man mit einem Deutschen einen Termin lange im Voraus vereinbart, kommt der Termin zustande, weil ihn sich der Deutsche fest in seinen Kalender einträgt. Ein Amerikaner trägt den Termin vielleicht ein, wirft ihn aber um, wenn irgendetwas dazwischenkommt. Langfristige Planung liegt nicht in der amerikanischen Natur. Flexibilität ist wichtig.

Wie verlaufen Verhandlungen mit deutschen Geschäftspartnern?

Stephens: Mit unseren ersten Verhandlungspartnern war der Preis der Preis, da gab's nichts zu verhandeln. Wir gingen dann über ihre Köpfe hinweg zum Präsidenten der amerikanischen Tochterfirma. Mit ihm konnten wir bessere Preise und kreative Lösungen, z.B. hinsichtlich der Mengenabnahmen, aushandeln. Ich vermute, dass die angestellten Vertriebler nicht die Befugnis hatten, Preisnachlässe zu geben. Ein deutscher Vertriebsmann, der zuvor 20 Jahre in den Staaten gelebt hatte, hörte uns gut zu und machte in seiner deutschen Firma immer wieder Verbesserungsvorschläge. Diese amerikanische Servicementalität wurde aber als lästig empfunden. Er wurde schließlich entlassen.

Kirsten: Ähnlich wie mit Amerikanern. Wenn Amerikaner an eine deutsche Firma verkaufen, wollen die Deutschen sicher sein, dass der amerikanische Lieferant solide ist, um ihren guten Ruf zu bewahren. Tauchen rechtliche Probleme auf, versucht man sich in Deutschland schnell und preiswert zu einigen. In den USA nimmt man sich eher einen Anwalt.

Wie konnten Sie Ihre deutsch-amerikanischen Geschäftsbeziehungen verbessern?

Stephens: Ich habe meinen Mitarbeitern immer wieder gesagt, worin die Vorteile der Deutschen liegen. Dass sie durch ihr spezifisches deutsches Studium Expertenwissen haben. Und dass der Humor herauskommt, wenn man mit ihnen ein Bier trinkt. Wichtig war auch, dass die deutsche Herstellerfirma einige amerikanische Kollegen zu Inhouse-Messen einlud. Dort konnten sich die Deutschen und die Amerikaner persönlich kennenlernen.

Was würden Sie Deutschen raten?

Stephens: Trauen Sie sich! Zeigen Sie, wer Sie sind! Deutsche haben kein Vertrauen zu ihrem Englisch. Sie sind zurückhaltend und das wirkt unfreundlich. Grammatikfehler sind kein Problem, die machen Amerikaner auch. Fragen Sie ungeniert nach, wenn Sie etwas nicht verstehen. Wenn Amerikaner emotional werden, vergessen sie manchmal, dass der Gesprächspartner manche Ausdrücke nicht versteht. Es gibt Ausdrücke aus dem Sport, die kein Deutscher verstehen würde, außer er wäre Baseball-Fan.

Dowdy: Bevor sich ein deutscher Geschäftsmann in den USA niederlässt, sollte er sich dort drei bis sechs Monate aufhalten, mit Amerikanern netzwerken und sich mit der amerikanischen Mentalität vertraut machen. Ein deutscher Chef in den USA sollte lernen, persönliches Interesse an seinen Mitarbeitern und ihren Familien zu zeigen. Zur Happy Hour kann man Leute besser kennenlernen!

Kirsten: Nehmen Sie sich die Zeit, um zu Ihren amerikanischen Geschäftspartnern eine gute Beziehung aufzubauen. Sagen Sie ihnen, dass Sie sie sofort und direkt anrufen sollen, wenn ein Problem auftaucht. Amerikaner erwarten Unterstützung und Service. Sie wünschen ein ›*level playing field‹*, ein faires Verhalten, durch das keine Seite bevorzugt wird.

Die weibliche Sicht auf die Deutschen

Carol de Vitto *hat an der New York University in Germanistik, Literatur und Philosophie promoviert und ist derzeit Professorin an der James Madison University, Virginia. Sie hat viele Jahre Führungskräfte großer deutscher Unternehmen für die Kommunikation mit Amerikanern gecoacht.*

Wie würden Sie Ihren persönlichen Kontakt zu Deutschen beschreiben?

Meine ersten Erfahrungen mit Deutschen in Deutschland habe ich als Ehefrau eines amerikanischen Geschäftsführers gesammelt. Ich wurde meist mit viel Respekt behandelt und mir gegenüber wurde eine gewisse Distanz gewahrt. Uns wurde viel Aufmerksamkeit zuteil und wir wurden oft eingeladen. Aber es verging viel Zeit, bis wir eine Einladung nach Hause bekamen und die Familie (eines Geschäftspartners) kennenlernten.

Meine persönliche Einschätzung der Deutschen fällt sehr positiv aus. Ich erlebe sie als ehrlich und direkt. Das ziehe ich einer oberflächlichen Freundlichkeit vor. Es dauert etwas, bis man den Schritt von einer Bekanntschaft zu einer Freundschaft geschafft hat. Aber wenn man ihn geschafft hat, dann hat man einen Freund oder eine Freundin fürs Leben. Beide Seiten bemühen sich, die Freundschaft aufrechtzuerhalten. Deutsche Freunde stehen mir mit Rat und Tat zur Seite und sind außerordentlich großzügig.

Welche Erfahrungen haben Sie mit der deutschen Arbeitsweise gemacht?

Während meiner Tätigkeit als Englischlehrerin und interkulturelle Trainerin in den USA habe ich deutsche Manager als sehr teamorientiert und kritisch erlebt. Im Gegensatz zu den Amerikanern, die sich auf ihre Spontaneität verlassen, waren sie stets gut vorbereitet. Die deutschen Fachleute hatten eine Abneigung gegen Sales- und Marketing-Leute, denn sie boten ihnen nicht die fachlichen Details, die sie sich wünschten.

Gibt es Besonderheiten in der Zusammenarbeit mit deutschen Geschäftsfrauen?

Ich sehe einen großen Unterschied zwischen deutschen und amerikanischen Frauen. Wenn ich um Feedback bitte, bekomme ich von einer deutschen Frau eine direkte und ehrliche Antwort. Amerikanerinnen sind nicht sehr daran interessiert, eine ehrliche Rückmeldung zu geben und reagieren ausweichend. Sie versüßen etwaige Kritik und deshalb kommen sie oft nicht auf den Punkt. Amerikanerinnen sind es auch nicht gewohnt, ehrliches Feedback zu erhalten und finden es zu direkt und zu unhöflich.

7

Führung und Motivation

Die kennzeichnenden Eigenschaften guter Führungskräfte sind aus amerikanischer Sicht Kreativität, Mut und eine hohe Motivation. Ihr Auftreten muss stark und klar sein. Vorgesetzte sollen ihre Mitarbeiter – meist unter Zeitdruck – zu Hochleistungen inspirieren. Dabei geht man immer davon aus, dass das Beste noch vor einem liegt und der Schnellste es erreicht. Für Innovation werden daher Fehler in Kauf genommen und verziehen. Amerikanische Chefs sind fair und tolerant. In Konfliktsituationen zeigen sie sich oft wenig aggressiv, sondern freundlich. Jeder erhält eine zweite Chance.

Aufgaben der Führungskraft

Sind Sie neu in einer Führungsrolle, wird man Ihnen in einem amerikanischen Unternehmen einen Vertrauensvorschuss geben. Durch eine höfliche Kommunikation, klare Aufgabenstellungen und eine deutlich gezeigte Anerkennung guter Ergebnisse gewinnen Sie den Respekt Ihrer Mitarbeiter.

Geben Sie genau definierte **Entscheidungs- und Handlungsspielräume** vor. Sie können davon ausgehen, dass sich jeder daran halten wird. Am besten ist es, wenn Arbeitsabläufe exakt dokumentiert sind, sodass für beide Seiten Klarheit herrscht.

Ihre Mitarbeiter erwarten regelmäßige **Feedback-Gespräche**, um zu erfahren, wo sie stehen und was sie unter Umständen ändern sollten. Feedback wird unter vier Augen gegeben, wobei negative Rückmeldungen nach ganz bestimmten Regeln kommuniziert werden: Erst wird die Person für ihre Art und ihre Leistung gelobt, es wird Wertschätzung ausgedrückt. Dann wird erklärt, was nicht funktioniert hat. Als nächster Schritt kommt ein Vorschlag, wie die Aufgabe in Zukunft besser erledigt werden kann. Hierzu wird Unterstützung angeboten. Vergessen Sie vor allem den ersten Schritt nicht: Zeigen Sie immer ausreichend Anerkennung!

Grenzen zwischen Führungskraft und Team

In vielen amerikanischen Unternehmen mit flacher Hierarchie kann im Prinzip jeder mit jedem reden. Der Chef will von seinen Mitarbeitern als Kumpel, als ›regular guy‹, gesehen werden. Amerikanische Führungskräfte haben dennoch ganz klar das Sagen. Gerade in inhabergeführten Unternehmen bespricht sich der Chef zwar mit seinem Team, die Entscheidung trifft er jedoch alleine. Es wird nicht unbedingt Konsens gesucht.

Die Grenze zwischen **Arbeit und Privatleben** verläuft anders als im deutschsprachigen Raum. Man nennt sich beim Vornamen, was die Distanz verringert. Der Chef lädt durchaus zu sich nach Hause zum *BBQ* ein. Dort lernen die Mitarbeiter seine Familie kennen. Solche Ereignisse bewegen sich jedoch sehr an der Oberfläche und führen kaum zu einer privaten Freundschaft.

Als ausländische Führungskraft werden Sie sicherlich genau beobachtet werden. Man wird Ihnen alle Informationen geben, die Sie brauchen, und Ihnen alle Fragen beantworten. Zeigen Sie im Gegenzug **Interesse** an Ihren Mitarbeitern. Laden Sie alle zu einem Gartenfest ein, aber nicht zu einem gesetzten Essen. Das wäre zu förmlich und Ihre Mitarbeiter wurden sich fragen, was Sie damit bezwecken. Ob man sich mit den Kollegen oder Mitarbeitern nach der Arbeit noch auf einen Drink trifft, kommt ganz auf das Team an. Sie sollten es nicht erwarten. In vielen Unternehmen gehen die Angestellten nach der Arbeit gleich nach Hause und es besteht nur wenig privater Kontakt. (Mehr zum Thema After Work lesen Sie in Kapitel 8, ab Seite 82)

Political Correctness

Konfliktpotenzial bergen Äußerungen, die in den USA als nicht ›*politically correct*‹ gelten. So sollten Sie keinerlei Bemerkungen oder Witze machen, die eine bestimmte Gruppe zur Zielscheibe haben. Auch nicht, wenn Sie glauben, dass Ihre Zuhörer eine Bemerkung ebenso witzig finden würden wie Sie selbst. Auf diese Weise verlieren Sie sehr leicht an Ansehen. Falls Sie hören, wie jemand auf politisch inkorrekte Weise redet, vielleicht rassistische Kommentare fallen lässt, tun Sie einfach so, als würden Sie es nicht verstehen.

Lernen Sie unbedingt die Sprache, die in Ihrem Arbeitsbereich als politisch korrekt angesehen wird. Das ist manchmal ein wenig umständlich, aber man wird Sie dafür respektieren. Erwähnen Sie **Äußerlichkeiten** am besten nur, wenn es der Information dient. Hier einige Beispiele, die die Herkunft oder das Aussehen von Menschen anbelangen: Statt ›*Chinese*‹ sagen Sie ›*Chinese American*‹, statt ›*Black*‹ verwenden Sie ›*African American*‹, statt ›*immigrant*‹ sprechen Sie von ›*newcomer*‹. Weibliche Kolleginnen reden Sie nicht mit ›*Miss*‹ oder ›*Mrs.*‹ an, sondern nur mit dem neutralen ›*Ms.*‹ – außer die Dame sagt Ihnen, wie sie angesprochen werden möchte. Verwenden Sie am besten keine Worte, die eine Person beschreiben, außer Sie sind sicher, dass es positiv klingt. Wissen Sie, dass ›groß‹ nicht ›*big*‹ heißt, sondern ›*tall*‹? ›*Big*‹ bedeutet ›korpulent‹. Körpergewicht ist ein Tabuthema. (Mehr dazu lesen Sie auf Seite 100)

Mitarbeitermotivation

Amerikanische Mitarbeiter lassen sich in erster Linie durch interessante Aufgaben motivieren. Darüber hinaus erwarten sie für gute Ergebnisse einen **Bonus**. Dieser kann aus einer Umsatzbeteiligung, Anteilen an der Firma, einer kleinen Reise oder einem Upgrade beim Firmenwagen, beim Mobiltelefon oder bei sonstigen elektronischen Gadgets bestehen.

Die **Loyalität** und die Bindung der Mitarbeiter an ein Unternehmen hängen sehr stark von der Wirtschaftslage und dem Erfolg der jeweiligen Branche ab. Arbeiten Sie mit High Potentials oder Talents, ist es sehr wichtig, dass Sie genügend Anreize schaffen. Was das sein könnte, hängt von der Branche und den persönlichen Zielen Ihrer Mitarbeiter ab. Sprechen Sie sie am besten direkt an. Finden Sie heraus, was Ihre Mitarbeiter bewegt und was ihre beruflichen Ziele sind.

Personalauswahl

Um in Auswahlverfahren absolute Chancengleichheit zu erreichen, werden in den Vereinigten Staaten Bewerbungen ohne Lichtbild und oft auch ohne Adresse verlangt. Auf diese Weise wird vermieden, dass jemand wegen seines Geschlechts, Aussehens oder seiner Herkunft – worauf die Adresse hinweisen könnte – und den damit verbundenen Vorurteilen eingeschätzt wird.

Amerikaner stellen sich und ihre Leistungen mit viel Begeisterung vor – und übertreiben gerne. Es lohnt sich daher, Angaben in Bewerbungen zu hinterfragen und auch die genannten **Referenzgeber** *(referent)* zu kontaktieren. Ihre amerikanischen Bewerber werden keine Arbeitszeugnisse mitbringen. In einem Lebenslauf finden Sie aber Name und Kontaktdaten von einer oder mehreren Personen, die bereit sind, über den Bewerber Auskunft zu geben.

Das **Niveau einer Qualifikation** hängt zudem sehr davon ab, wo Ihr Bewerber seinen Abschluss gemacht hat. Informieren Sie sich daher über den Ruf der jeweiligen Schulen, Colleges und Universitäten. Prüfen Sie, für welche Aufgaben ein Bewerber bei seinen vorherigen Arbeitgebern zuständig war und lassen Sie sich erläutern, welche Erfolge er erzielt hat. So können Sie sich ein besseres Bild von seiner Leistungsfähigkeit machen.

Amerikaner sind eher **Generalisten** als Spezialisten. Man geht davon aus, dass sich jemand, der ein Studium abgeschlossen hat, in unterschiedliche Fachgebiete einarbeiten kann. In den USA gibt es außerdem keine Berufsausbildung im deutschen Sinne, wie z.B. eine dreijährige Lehre. Die Menschen lernen ›**on the job**‹, weshalb ihnen oft der Überblick fehlt.

Falls Ihnen Mitarbeiter oder Geschäftspartner Verwandte oder Freunde für eine ausgeschriebene Position empfehlen, werden diese dem gleichen Bewerbungsprozedere unterzogen wie alle anderen Kandidaten. Sie sind zu nichts verpflichtet. Erfüllt die Person die Kriterien, kann Ihnen niemand eine Bevorzugung vorwerfen.

Auf einen Blick

- Vorgesetzte sollen ihre Mitarbeiter zu Hochleistungen motivieren. Fehler werden dafür in Kauf genommen und verziehen.
- Von einer Führungskraft wird Klarheit und regelmäßiges Feedback erwartet.
- Amerikanische Mitarbeiter motivieren Sie durch Anreizsysteme wie Boni oder Sonderleistungen.
- Wählen Sie Ihre Mitarbeiter strikt nach der nachgewiesenen Qualifikation und den dargestellten Erfolgen aus. Kontaktieren Sie die Referenzgeber.

Achtung!

- Amerikaner reagieren auf Kritik sehr empfindlich. Wenn Sie Mitarbeitern ein negatives Feedback geben, dann nur unter vier Augen. Sprechen Sie erst Anerkennung aus, nennen Sie dann den Punkt, der verbessert werden soll und bieten Sie zum Schluss Ihre Unterstützung an.
- Erwarten Sie nicht, dass für Entscheidungen der Konsens gesucht wird.
- Machen Sie keine Bemerkungen über eine bestimmte Bevölkerungsgruppe. Stimmen Sie auch nicht ein, falls jemand in Ihrer Gegenwart Witze reißt, die politisch nicht korrekt sind. Sie verlieren an Ansehen.

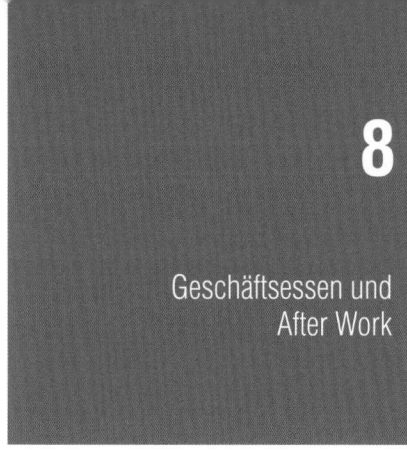

Nachdem in den USA Zeit Geld ist, werden geschäftliche Themen auch vor Bürobeginn beim Arbeitsfrühstück *(working breakfast)*, zwischendurch beim Mittagessen *(working lunch)* oder nach der Arbeit bei einem gemeinsamen Abendessen *(working dinner)* besprochen. Offizielle Geschäftsessen finden je nach Anlass entweder mittags oder am Abend statt. Zu Mittag isst man in den Großstädten normalerweise ab 13 Uhr. In ländlichen Gegenden beginnt die Mittagszeit schon um 12 Uhr.

Ablauf eines Geschäftsessens

Ein offizielles Mittagessen mit amerikanischen Geschäftspartnern in einem Restaurant wird selten länger als eineinhalb Stunden dauern, ein Abendessen etwas länger. Der Gastgeber sitzt meist am Kopfende des

Tisches. Als Ehrengast werden Sie rechts oder links neben dem Gastgeber platziert.

Vor und während des Essens betreiben Sie **Small Talk**, also Konversation. Finden Sie die Interessen Ihrer Tischnachbarn heraus und suchen Sie nach Gemeinsamkeiten. Geschäftliches sollten Sie erst nach dem ersten Gang ansprechen bzw. den Übergang zu Business-Themen Ihrem Gastgeber überlassen. Nehmen Ehepartner an dem Essen teil, wird normalerweise nicht über das Geschäft gesprochen. Sofern das Essen einen besonderen Anlass hat, wird der Gastgeber eine kleine Rede halten, auf die Sie als Ehrengast spontan eine kurze Replik vorbringen sollten. Trinksprüche sind eher unüblich.

Wenn **Alkohol** getrunken wird, sagen Amerikaner oft nur ›*Cheers!*‹ oder ›*To your health!*‹. Generell gilt jedoch, dass im amerikanischen Geschäftsleben tagsüber überhaupt kein Alkohol getrunken wird. Ein Bierchen zum Mittagessen ist tabu! Frühschoppen kennt man ebenfalls nicht. Amerikaner würden sofort ein Alkoholproblem vermuten, wenn Sie alkoholische Getränke bestellen.

Bei einem Essen in größerer Runde ist es sinnvoll, so lange zu bleiben, bis der Gastgeber seinen Gästen offiziell dankt. Sobald Sie merken, dass man beginnt sich zu verabschieden, ist es auch für Sie eine gute Zeit zu gehen. Das gemütliche Zusammensitzen nach dem Essen gibt es in den USA nicht.

Wer zahlt die Rechnung?

Ein Geschäftsessen, zu dem formell eingeladen wurde, geht auf die Rechnung des Gastgebers. Folgen Sie aber

Ihrem Geschäftspartner oder Kollegen in ein Restaurant, nachdem dieser zu Ihnen gesagt hat ›*I'll invite you.*‹, was sehr förmlich ist, dann heißt dies nicht automatisch, dass er die Rechnung bezahlen wird. ›*I'll invite you.*‹ beinhaltet nur den **Vorschlag**, miteinander Essen zu gehen. Möchte er die Rechnung übernehmen, wird er sagen: ›*My treat.*‹ oder ›*This is on me.*‹

Wurden Sie in diesem amerikanischen Sinne ›eingeladen‹ und Sie möchten nur Ihren Teil des Essens zahlen, können Sie sagen: ›*Let's go Dutch.*‹ oder Sie bitten das Servicepersonal um ›*separate checks*‹. Das heißt, getrennte Rechnungen. Übrigens wird in einfachen Lokalen die Rechnung oft bereits mit dem ersten Gang serviert.

Laden Sie einen amerikanischen Geschäftspartner förmlich zu einem Essen ein, machen Sie auf jeden Fall vorher eine Reservierung in einem angemessenen Restaurant. Sagen Sie dem Servicepersonal gleich zu Beginn des Essens, dass Sie die gesamte Rechnung übernehmen möchten. Dann kommt die Rechnung gar nicht erst auf den Tisch, sondern wartet an der Kasse auf Sie.

Trinkgeld

In amerikanischen Restaurants, Bars oder Clubs bekommt das Servicepersonal nur einen sehr geringen Stundenlohn und ist auf Trinkgeld angewiesen. **20 Prozent der Rechnungssumme** sollten daher das Minimum sein. Selbst wenn auf der Rechnung ›*service included*‹ steht, sollten Sie noch mindestens zehn Prozent zusätzliches Trinkgeld geben. Lassen Sie das Geld einfach auf dem Tisch liegen. Ein Aufrunden der Rechnungssumme beim Bezahlen wird hier nicht verstanden.

Gemeinsam feiern

Mit amerikanischen Geschäftspartnern auf einen Erfolg anzustoßen oder gemeinsam zu feiern, findet in einem eher förmlichen Rahmen statt. Sie gehen vielleicht gemeinsam in eine gepflegte Bar auf einen Drink, aber selten mehr. Sich dort total entspannt gehen zu lassen, wäre nicht angebracht. Denken Sie daran, es geht Amerikanern immer um das Geschäft und nicht um den Aufbau einer Freundschaft.

Private Einladungen

Amerikaner haben einen größeren öffentlichen Raum als wir im deutschsprachigen Teil Europas. Ihr Geschäftspartner lädt Sie zu sich nach Hause ein? Das ist ein Schritt weiter als ein *BBQ*, bei dem man sich hauptsächlich im Garten aufhält. Lesen Sie die schriftliche Einladung genau bzw. hören Sie Ihrem Geschäftspartner aufmerksam zu: Ist es eine Party? Dann müssen Sie nicht auf die Minute **pünktlich** sein. Ist es ein Brunch oder ein gesetztes Essen? Achten Sie auf die Uhrzeit und kommen Sie nicht mehr als 15 Minuten zu spät. Falls Sie sich verspäten, rufen Sie an.

Bringen Sie als **Gastgeschenk** Süßigkeiten aus Ihrer Heimat oder etwas Vergleichbares mit. Amerikaner legen gerne interessante Zeitschriften oder Bücher auf ihren *coffee table*. Deshalb könnte ein hübscher Bildband über Ihr Heimatland ebenfalls Freude machen. Sofern Sie wissen, dass Ihr Gastgeber guten Wein schätzt, bringen Sie eine oder zwei Flaschen mit.

Während einer Party sollten Sie nicht durch das Haus Ihrer Gastgeber laufen. Bitten Sie auch nicht um eine **Hausbesichtigung**. Ihre Gastgeber werden Sie aber möglicherweise von selbst fragen: ›*Would you like to see the house?*‹ Dann werden alle Räume gezeigt, außer den Schlafzimmern. Machen Sie positive Bemerkungen über die Möbel, die Bilder – oder was Sie sonst sehen.

Wenn Sie zur **Toilette** müssen, fragen Sie, wo Sie sich die Hände waschen können oder erkundigen Sie sich nach dem ›*bathroom*‹. Achtung: Amerikaner schließen die Badezimmertür nicht ab. Eine geschlossene Tür heißt, dass besetzt ist. Ansonsten wäre die Tür offen oder angelehnt.

Wann ist es **Zeit zu gehen**? Beobachten Sie die anderen Gäste und schließen Sie sich an. Werden Sie z.B. nach einem Abendessen oder Brunch von Ihren Gastgebern gefragt, ob Sie noch eine Tasse Kaffee möchten, ist es Zeit sich zu verabschieden. Ihre Gastgeber werden zwar ihre Verwunderung ausdrücken, dass Sie schon aufbrechen möchten. Das sind aber meist nur höfliche Floskeln, die gesagt werden müssen.

Schicken Sie innerhalb von zwei bis drei Tagen nach dem Essen oder der Party eine **Dankeskarte** oder E-Mail. Das ist in den USA üblich. Schreiben Sie in etwa:

›*Thank you very much for hosting such a lovely dinner party. It was so nice to see you both, and it was fun to visit you. And of course, I was truly impressed with the amazing food. Your sweet potato pie is truly the best I've ever had! Thanks again for everything.*‹

Müssen Sie eine private Einladung **ablehnen**, sollten Sie einen guten Grund vorbringen. Arbeit wird als Entschuldigung immer akzeptiert. Seien Sie ›*terribly sorry*‹.

Kultur- und Unterhaltungsprogramme

Werden Sie ins Theater oder zu sonstigen Kulturveranstaltungen eingeladen, ist das ein großes Kompliment. Offensichtlich gibt man sich Mühe, Sie gut zu unterhalten. Sie brauchen keinen Korruptionsversuch zu vermuten. Amerikaner sind stolz auf ihr Land und seine Kultur – beides präsentieren sie gerne.

Lassen Sie es sich nicht entgehen, zu einem **Football-**, **Basketball-** oder **Baseball-Spiel** mitzukommen. Auch ohne alle Regeln zu kennen, sind ein Spiel und die Atmosphäre im Stadion immer sehenswert. Die Spiele sind zudem gesellschaftliche Ereignisse, bei denen man Freunde trifft und gesehen wird.

Möchten Sie Ihre Geschäftspartner zu einem Unterhaltungsprogramm einladen, ist das meist willkommen. Hören Sie aber trotzdem ganz genau darauf, wie Ihre Einladung aufgenommen wird. Wenn man Ihre Einladung nicht annehmen kann oder möchte, akzeptieren Sie die **Ablehnung** und sagen Sie: ›*Well, maybe next time.*‹

Auf einen Blick

- Sprechen Sie beim Essen Geschäftsthemen erst nach dem ersten Gang an – oder gar nicht, wenn Ehepartner mit am Tisch sitzen.
- Auch wenn Sie nur Small Talk betreiben, geht es zielorientierten Amerikanern immer ums Geschäft und nicht um den Aufbau einer engen persönlichen Beziehung.

- Kommen Sie bei privaten Essenseinladungen pünktlich und bringen Sie ein Gastgeschenk mit. Bedanken Sie sich für den Abend in schriftlicher Form.
- Falls Sie sich verspäten, rufen Sie unbedingt an. Möchten Sie eine Einladung absagen, müssen Sie einen guten Grund vorbringen.
- Pflegen Sie die Beziehungen zu Ihren Geschäftspartnern und laden Sie sie ebenfalls ab und zu zum Essen, zum Sport usw. ein.

Achtung!

- Trinken Sie tagsüber keinen Alkohol. Ihnen könnte ein Alkoholproblem unterstellt werden. Auch abends sollten Sie in Anwesenheit Ihrer amerikanischen Geschäftspartner oder Kollegen nur moderat trinken und sich keinesfalls gehen lassen.

Knigge und Dresscodes

Amerikaner haben andere Tischsitten als wir im ›alten Europa‹. Das bezieht sich in erster Linie auf den **Umgang mit dem Besteck**: Erst wird alles auf dem Teller klein geschnitten, dann legt man das Messer weg und isst mit der Gabel in der rechten Hand. Die linke Hand bleibt oft unter dem Tisch auf dem Schoß liegen. Daran sollten Sie sich nicht stören. Daneben wird in den USA vieles mit den Fingern gegessen, z. B. Hähnchenkeulen oder Sandwiches. Genießen Sie ein Essen mit mehreren Gängen, gilt die gleiche Regel wie bei uns: Verwenden Sie das Besteck von außen nach innen.

Natürlich machen Sie keine Essgeräusche. Niesen sollten Sie nach Möglichkeit vermeiden. Sich am Tisch geräuschvoll die **Nase zu putzen**, ist absolut tabu. Wenn das nötig ist, sagen Sie ›Excuse me.‹ und gehen Sie am besten auf die Toilette.

Sie essen Ihren Teller leer, wenn's schmeckt. Lassen Sie etwas übrig, wird man Sie fragen, ob irgendetwas nicht in Ordnung war. Sagen Sie einfach, dass Sie satt sind: ›I've had sufficient.‹ Bei einer privaten Einladung wird man Ihnen einen **Nachschlag** anbieten. Hier können Sie getrost ›Yes, please.‹ antworten. Sie bekommen den Nachschlag auch, wenn Sie nur ›Thank you.‹ sagen. Ihr Gastgeber wird sich freuen. Lehnen Sie ab, ist das auch kein Problem. Sagen Sie in etwa: ›The food was marvelous, but I couldn't eat another bite. Thank you.‹

Bei einer privaten Einladung wird die Gastgeberin/der Gastgeber das Essen austeilen. Bedienen Sie sich nur selbst, wenn Sie die Aufforderung hören: ›*Help yourself!*‹

Verhalten zwischen Männern und Frauen

Im amerikanischen Geschäftsleben wird man nicht nach dem Geschlecht, sondern nach der Position behandelt. Amerikanerinnen erwarten und wünschen daher keine Sonderbehandlung. Wer zuerst an der Tür ist, hält sie dem anderen auf, geht aber selbst zuerst durch, wenn er oder sie der/die Ranghöhere ist. Man hilft Frauen nicht in den Mantel. Diese förmliche Höflichkeit ist ›alte Welt‹ und insbesondere im beruflichen Umfeld nicht angebracht. Gleichbehandlung lautet die Devise.

Im **Privatleben** ist es individuell verschieden. Es wird zwar nicht erwartet, dass Sie einer Frau die Tür aufhalten, ihr den Vortritt lassen oder ihr in den Mantel helfen. Aber es wird von den meisten als nette Geste verstanden. Bestehen Sie aber nicht darauf, wenn Sie merken, dass diese Form der Höflichkeit nicht gewünscht ist.

Dresscodes

Wie Sie sich im amerikanischen Geschäftsleben kleiden sollten, hängt ganz von der Branche ab. In einem eher konservativen Umfeld sind Anzug, Hemd und Krawatte üblich – nicht nur für Führungskräfte. Die Farben sind gedeckt. Das gleiche gilt für den Dresscode der Frauen. Sie tragen ein Kostüm oder einen Hosenanzug. Dazu gehören eine Bluse, Strümpfe und geschlossene Pumps. Manche Frauen der Führungsebene tragen modischere Kleidung, beispielsweise Schuhe mit sehr hohen Absätzen. Auch etwas Ausgefallenes, wie schwarz lackierte Fingernägel, sind dann erlaubt. Das sind aber eher Einzelfälle.

Für beide Geschlechter gilt: Tragen Sie keinen auffälligen **Schmuck**. Obwohl natürlich eine teure Uhr am Handgelenk oder exquisite Accessoires ihre Wirkung tun. Nur dürfen sie nicht schrill sein. Die Haare müssen frisch gewaschen sein. Tragen Sie wenig oder gar keinen Duft. Amerikaner haben absolut keine Toleranz für nicht als angenehm empfundene **Gerüche**.

In konservativen Firmen ist es nicht gerne gesehen, wenn man Denim (Jeansstoff) trägt. **Jeans** sind nur am *Casual Friday*[6] möglich. Im IT-Bereich oder in kreativen Branchen kleiden sich die Mitarbeiter hingegen sehr leger. Jeans, T-Shirt und Sandalen (mit Socken!) sind akzeptiert. Wenn sie aber zum Kunden gehen, tragen sie ebenfalls Anzüge.

Werden Sie zu einem **formellen Anlass** eingeladen, finden Sie auf der Einladung Angaben zum Dresscode. Fragen Sie im Zweifelsfall Ihren Gastgeber. Weiteren Rat erhalten Sie auch im Hotel. Generell gilt: Ein bisschen *overdressed* ist besser als *underdressed!* Falls sich das passende Stück nicht in Ihrem Koffer befindet, gehen Sie zu einem Verleih *(dress rental)*.

Bei **Freizeitveranstaltungen** sollten Sie sich je nach Anlass kleiden, aber niemals zu freizügig: In der Sauna

---

6 Der *Casual Friday* kam in den Neunzigerjahren in den IT-Schmieden auf. Angestellte tragen seither am Freitag legere Kleidung, je nach interner Regelung.

wird Badekleidung getragen, öffentliche FKK gibt es in den USA nicht. Selbst kleine Kinder dürfen nicht textilfrei am Strand spielen. Auf dem Land würde ein Bikini wahrscheinlich Aufsehen erregen, möglicherweise sogar Ärger.

In der beruflichen Zusammenarbeit mit Amerikanern ist es hilfreich, wenn Sie einige Anknüpfungspunkte für den so wichtigen Small Talk finden bzw. wissen, welche Themen es besser zu vermeiden gilt. Amerikaner erwarten generell nicht, dass Besucher besonders viel über die USA wissen und wundern sich eher, wenn man dann doch einige Kenntnisse über Geschichte und Politik mitbringt. Punkten können Sie vor allem mit lokalem Wissen, wenn Sie beispielsweise die wichtigsten Daten zu dem Bundesstaat kennen, in dem Sie geschäftlich zu tun haben. Informieren Sie sich, welche Partei den Staat regiert, wer der Gouverneur ist und wie der Oberbürgermeister der Stadt heißt. Noch mehr können Sie allerdings glänzen, wenn Sie die Namen der lokalen Football-, Baseball- und Basketball-Teams kennen und etwas über die jeweilige Liga wissen. Weitere beliebte Sportarten sind Eishockey, Tennis und Golf.

Politik und Landeskunde

Die Vereinigten Staaten von Amerika bestehen aus 50 Bundesstaaten – *the lower 48* plus Alaska und Hawaii. Die Hauptstadt ist Washington, D.C. Der Kongress innerhalb der **präsidialen Demokratie** umfasst zwei Kammern, das Repräsentantenhaus und den Senat. Präsidentschaftswahlen finden alle vier Jahre statt. Die beiden großen Parteien in den USA sind die *Democratic Party* (Wappentier Esel) und die *Republican Party* (Wappentier Elefant). Seit 2008 regiert die *Democratic Party* mit Präsident Barack Obama die Vereinigten Staaten. Die nächsten Präsidentschaftswahlen finden im November 2012 statt. Die USA wurden von der Finanzkrise hart getroffen, was sich in einer hohen Arbeitslosigkeit, Sparmaßnahmen und Steuererhöhungen zeigt. Trotzdem sind die Vereinigten Staaten nach wie vor die stärkste Wirtschaftsmacht der Welt.

Wichtige Daten aus der Geschichte

4. Juli 1776	–	Unabhängigkeitserklärung
1789–1797	–	George Washington ist der erste amerikanische Präsident
1861–1865	–	Amerikanischer Bürgerkrieg (der Norden siegte)
7. Dezember 1941	–	Angriff auf Pearl Harbor
11. September 2001	–	9/11, Terroranschläge der *al-Qaida* auf das World Trade Center in New York und das Pentagon in Virginia

Kalender

Die nationalen Feiertage gelten in den USA oft nur für den öffentlichen Sektor. Private Unternehmen treffen häufig ihre eigenen Regelungen. Zu Weihnachten/ Neujahr und *Thanksgiving* verschicken Amerikaner Grußkarten!

New Year's Day (Neujahr) – Am 1. Januar erholt man sich vom *New Year's Eve,* dem Silvesterabend. Viele Leute gehen in die Kirche.

Martin Luther King Day – Dritter Montag im Januar. Dieser Tag hat noch keine rechte Tradition entwickelt. Feiertag für Angestellte des öffentlichen Sektors, aber nicht für alle Arbeitnehmer.

Washington's Birthday **oder** *Presidents Day* – Dritter Montag im Februar. Kein offizieller Feiertag, aber ein großer Tag für *sales* in den Geschäften. Viele Schüler und Studenten können sich über einen freien Tag freuen. In der Heimatstadt von George Washington, Alexandria in Virginia, wird der Geburtstag einen Monat lang gefeiert.

Memorial Day – Letzter Montag im Mai. An diesem Tag gedenkt man der Gefallenen des Bürgerkriegs. Es finden Gedenkfeiern statt, ganz besonders feierlich ist das Hissen der Flagge.

Independence Day (Unabhängigkeitstag) – 4. Juli. An diesem Tag wird ausgiebig gefeiert. Es finden Paraden, *BBQs,* Picknicks, Partys, kostenlose Konzerte und Feuerwerk statt.

Labor Day (Tag der Arbeit) – Erster Montag im September. Politiker würdigen die sozialen und wirtschaftlichen Leistungen des Landes. Es ist aber auch ein Festtag mit Sport, Picknicks, Feuerwerk und Kunstausstellungen.

Columbus Day – Zweiter Montag im Oktober. An diesem Tag erinnert man mit Paraden an Christoph Kolumbus.

Veterans Day – 11. November. Man gedenkt der Veteranen aller Kriege. Manche Schnellrestaurants bieten kostenloses Essen für Veteranen an.

Thanksgiving Day – Vierter Donnerstag im November. *Thanksgiving* ist der Feiertag im Jahr, an dem amerikanische Familien zusammenkommen. Traditionell wird Truthahn mit vielen Beilagen serviert. Der Vogel muss oft schon am Abend vorher ins Backrohr, denn für eine große Familie kann er durchaus 15 kg wiegen.

Christmas Day (Weihnachten) – In der Nacht vom 24. auf den 25. Dezember bringt Santa Claus die Geschenke. Auch der 25. Dezember ist ein Familientag, an dem Truthahn gegessen wird.

Gesprächsthemen

Als Ausländer können Sie in den USA sowohl über Politik als auch über Krisenthemen diskutieren. Eher schwierige Themen sind Religion, die Gesundheitsreform und der Umweltschutz. Auch das **Rassenproblem** in den USA anzusprechen, ist heikel. Von einem weißen Amerikaner werden Sie sehr schnell hören: ›Das verstehen Sie nicht!‹ Das Gespräch wird bald zu Ende sein. Afroamerikaner sind eher bereit, ihre Sicht der Dinge darzulegen,

Arbeiten Sie im Herzland der USA, also im Mittelwesten oder im Süden, dem sogenannten *bible belt*, werden Sie von Ihren Geschäftspartnern oder Kollegen vielleicht gefragt werden, in welche Kirche Sie gehen. Dann ist die **Religionsgemeinschaft** gemeint. Denn es gibt dort viele Unterscheidungen zwischen Christen. So wird nicht nur nach katholisch oder evangelisch differenziert, sondern auch nach *Baptists, Southern Baptists, Methodists, Holy Rollers, Christian Scientists, Mormons* und vielen mehr. Es existieren zudem viele unterschiedliche **Sekten**, deren Mitglieder sehr religiös sind und nach strengen Regeln leben.

Ganz besonders im *bible belt* sagen Sie am besten nicht, dass Sie ›*liberal*‹ seien, wenn Sie eine liberale Einstellung haben. Mit dieser Aussage würden Sie sich in der politischen Arena ganz weit links platzieren. Es ist dort auch nicht ratsam zu sagen, dass Sie **Atheist** sind. Manche Menschen würden Sie als gefährlich einstufen.

Ebenso abseits stehen Sie in konservativen Kreisen, wenn Sie sich zum **Recht auf Abtreibung** oder zur **gleichgeschlechtlichen Ehe** bekennen. Hier hat jeder Staat seine eigenen Gesetze. Am besten ist es, wenn Sie diese Themen aussparen und möglichst auch nicht näher darauf eingehen, falls Sie nach Ihrer Meinung gefragt werden.

Was wir im deutschsprachigen Raum als solidarisches Prinzip verstehen, wird von Amerikanern oft als sozialistisch empfunden. ›**Sozialismus**‹ ist ein ›schlimmes Wort‹. Das wurde beispielsweise in den fruchtlosen Bemühungen um eine **Gesundheitsreform** deutlich. Der Glaubenssatz, dass jeder seines Glückes Schmied ist, ist in der Einstellung vieler Amerikaner fest verankert. Eine Regelung nach dem Motto ›einer für alle und alle für einen‹ würde eine Verschiebung der Verantwortung bedeuten – ein komplexes Thema. In den letzten Jahrzehnten gab es zwei Anläufe, die Gesundheitsversorgung besonders der Geringverdiener sicherzustellen: Der Versuch von Hillary Clinton, als sie noch *First Lady* war, scheiterte. Barack Obama konnte nur kleine Veränderungen erreichen.

Der Begriff ›**Kommunismus**‹ ist in den USA auch nicht positiv besetzt. Aber das wundert niemanden, der aus einer Welt der freien Marktwirtschaft kommt. In den Fünfzigerjahren, während der McCarthy-Ära, sind ganz besonders Künstler mit einem Berufsverbot belegt worden, wenn ihnen kommunistische Umtriebe nachgesagt wurden.

Anfangs wurde bereits erwähnt, dass es in den USA das **Idealbild** gibt, wie die Dinge sein sollten. Es gibt jedoch auch die andere Seite: die Realität. Sie können manche Amerikaner ganz leicht beleidigen, wenn Sie behaupten, dass das Idealbild wenig mit der Realität zu tun hat. Amerikaner würden sagen, dass Sie das einfach nicht verstehen! So wahrscheinlich auch beim Thema **Korruption**. Im Korruptionsindex (0 = äußerst korrupt, 10 = sehr sauber) von *Transparency International* zeigt sich, dass auch die USA mit diesem Thema zu kämpfen haben:

Index der Nationen, in denen Schmiergelder angenommen werden

Schweiz	8,8
Deutschland	8
Österreich	7,8
USA	7,1

Index der Nationen, die Schmiergelder bezahlen

Schweiz	8,8
Deutschland	8,6
USA	8,1
Österreich	keine Angabe

Manchmal werden die Dinge nicht beim Namen genannt. Für Schmiergeld *(bribe)* fällt in den USA häufig auch der Euphemismus ›*facilitation fee*‹ (Erleichterungsgebühr, Anbahnungsgebühr).

Das Thema **Umweltschutz** ist ebenfalls kontrovers. Es kommt jedoch sehr darauf an, mit wem Sie sprechen. Es gibt durchaus eine ›grune‹ Bewegung in den USA, die aber bis jetzt immer noch dem mächtigen Dollar hat weichen müssen. Für die Abfallvermeidung scheint sich in den amerikanischen Großstädten und Vororten noch kein Bewusstsein entwickelt zu haben. Selbst Menschen, die sich für Umweltschutz aussprechen, gehen in ein *diner*. Dort ist alles, was man sich vom Buffet holt, in Plastikschüsseln verpackt. Am Ende kippt man alles auf dem Tablett, Plastikbesteck inklusive, in den Müll. Das spart Arbeitskraft.

Nicht empfehlenswert ist das Thema **Todesstrafe**. In einigen wenigen Staaten im Nordosten der USA wurde die Todesstrafe für verfassungswidrig erklärt. In anderen wird sie nicht angewendet, in wieder anderen wird hingerichtet. Hier sind die einzelnen Bundesstaaten autonom. Nachdem in westeuropäischen Ländern die Todesstrafe längst abgeschafft wurde, haben wir wahrscheinlich eine generell andere Meinung als konservativ denkende Amerikaner – und sollten uns zumindest mit

Geschäftspartnern auf keine entsprechende Diskussion einlassen.

Ähnliches gilt für die **Waffengesetze**. Das Recht, Waffen zu tragen, ist ein verbrieftes Recht aller Amerikaner, das aus der Pionierzeit stammt. Es gibt durchaus eine Lobby gegen die bestehenden Waffengesetze (der Film von Michael Moore *Bowling for Columbine* ist ein gutes Beispiel), aber es existiert eine größere Lobby dafür.

Achten Sie auch beim Thema **Alkohol** darauf, in welchem Bundesstaat und in welchem Landkreis Sie sich befinden. In den sogenannten ›trockenen Staaten‹ bzw. Landkreisen darf kein Alkohol verkauft werden, in manchen nur am Sonntag nicht. Sie werden in Lebensmittelgeschäften keine alkoholischen Getränke finden. Sie müssen in einen liquor store gehen. Dort wird Ihre Flasche in eine braune Papiertüte verpackt. Die meisten ›dry counties‹ befinden sich in den Südstaaten. Achtung: In den meisten Staaten darf Alkohol nicht auf der Straße konsumiert werden.

Ein weiteres heikles Thema ist das **Körpergewicht**. Sie werden in den USA viele übergewichtige Menschen sehen, obwohl körperliche Fitness ein ständig präsentes Thema ist. Viele Amerikaner probieren jede neue Diät aus, schlucken Appetitzügler oder gehen jeden Tag ins Fitnessstudio. Die neueste Diät ist ein häufiges Gesprächsthema unter Frauen. Generell bewegen sich Amerikaner jedoch weniger als Europäer und das Essen ist sehr viel reichhaltiger. Sie werden feststellen, dass die Portionen in amerikanischen Restaurants größer sind als bei uns.

Persönliche Sicherheit

Auch für EU-Bürger herrscht in den USA Visumspflicht. Ein Visum können Sie online über das ESTA-Programm beantragen. Sofern Sie während Ihrer Reise in den USA etwas verkaufen oder verdienen, sollten Sie das unbedingt angeben. Lassen Sie sich gegebenenfalls im amerikanischen Konsulat beraten.

Halten Sie sich unbedingt an die **Vorschriften zur Ein- und Ausreise**. Informieren Sie sich, was Sie zollfrei einführen dürfen. Von Wurst aus der Heimat oder Schnapspralinen sollten Sie als Mitbringsel für Ihre amerikanischen Geschäftspartner absehen. Obst und Gemüse durfen ebenfalls nicht eingeführt werden. Auch wenn diese Dinge zu Ihrem persönlichen Reiseproviant gehören, wird sie Ihnen der Zollbeamte abnehmen. Kuchen, Kekse, Süßigkeiten und Käse sind hingegen erlaubt. Fangen Sie mit den Immigrationsbeamten keine Diskussionen an! Beantworten Sie nur kurz und knapp ihre Fragen. Machen Sie vor allem **keine Witze**. Die Beamten lassen sich grundsätzlich nicht auf Gespräche ein und sehen es als verdächtig an, wenn Sie plaudern wollen. Sie haben das Recht, Ihnen die Einreise zu verweigern.

Für Ihre eigene Sicherheit ist es wichtig, die ›**No-Go-Areas**‹ einer amerikanischen Stadt zu kennen – und gehen Sie auch wirklich nicht dorthin! Die ›guten‹ und die ›schlechten‹ Viertel sind meistens sehr klar durch geografische Gegebenheiten oder Baumaßnahmen getrennt, z.B. einen Fluss, eine Brücke, einen Highway, Gleise etc.

Phrasen

Die meisten Geschäftsleute aus dem deutschsprachigen Raum sprechen gut Englisch. Dennoch gibt es Phrasen und Begriffe, die andere Bedeutungen haben können, als die Übersetzung auf den ersten Blick vermuten lässt.

Was Sie hören	Übersetzung	Mögliche Bedeutung
Hi, how are you?	Guten Tag, wie geht es Ihnen?	Man will keine Befindlichkeiten hören. Sie antworten: ›*Fine, thank you.*‹
How are you doing?	Wie geht es Ihnen?	Ist etwas weniger förmlich, Sie antworten trotzdem: ›*Fine, thank you.*‹ oder ›*Not too bad.*‹
See you later!	Bis später!	Wenn Sie keinen Zeitpunkt vereinbart haben, dann bedeutet das nur ›Auf Wiedersehen!‹ oder ›Tschüss!‹ Sie antworten: ›*See you.*‹ oder ›*Take care.*‹ oder sagen nur ›*Right.*‹
Talk to you later!	Bis später!	Genauso wie ›*See you later.*‹
Come around and see us some time.	Besuchen Sie uns doch mal.	Das ist meistens nett gemeint, aber gar nicht verpflichtend. Erst wenn ein Terminvorschlag gemacht wird, ist es eine ernst gemeinte Einladung.
Come, I'll invite you.	Kommen Sie, ich lade Sie ein.	Das heißt nicht, dass Ihr Gastgeber die Rechnung übernimmt. Das ›*invite*‹ ist nur ein Vorschlag.

Was Sie hören	Übersetzung	Mögliche Bedeutung
This is my treat. *I'll treat you.* *It's on the house.* *This is on me.*	Die Rechnung übernehme ich.	Das ist die Art der Einladung, bei der der Gastgeber die Rechnung zahlt. Sie antworten: ›*Thank you. That's very kind of you.*‹
Have a nice day!	Ich wünsche Ihnen einen schönen Tag.	Sie hören oft am Ton, dass es eine Floskel ist. Sie antworten: ›*Thank you, you too.*‹
Interesting.	Interessant.	Ist es meistens nicht!
… anyway …	… also dann …	Läutet das Ende eines Gesprächs ein bzw. man möchte zum nächsten Punkt übergehen.
By the way, …	Übrigens, …	Jetzt kann eine wichtige Mitteilung kommen.
issue *challenge*	Thema Herausforderung	Damit ist ein Problem gemeint. Das Wort ›*problem*‹ wird aber vermieden.
bathroom	Badezimmer	Toilette
entre	Vorspeise	Auf amerikanischen Speisekarten werden die Hauptspeisen unter der Überschrift ›*main course*‹ geführt. Oft werden sie aber auch als ›*entre*‹ bezeichnet.

Auf Ihrer Suche nach neuen Geschäftspartnern in den USA finden Sie bei den verschiedenen Kammern und Außenwirtschaftsberatungsstellen Unterstützung. Sie werden potenziellen Geschäftspartnern vorgestellt und können gleich vor Ort Betriebe besichtigen und einen ersten Eindruck gewinnen. Informieren Sie sich zudem über Förderprogramme zur Markterschließung für den Export sowie zu Kooperationen zwischen Bundesländern und US-Staaten.

In den meisten US-Bundesstaaten gibt es *Economic Development Alliances*, die ausländische Investoren und Arbeitgeber willkommen heißen und beim Markteintritt behilflich sind. Nutzen Sie zudem die in den USA stark frequentierten Social-Media-Netzwerke, wie z.B. LinkedIn oder Facebook. XING ist in den USA hingegen kaum bekannt.

Kontaktadressen für Deutsche

Amerikanische Botschaft Berlin
Clayallee 170
14191 Berlin
Deutschland
Tel.: +49 (0) 30 / 8305 - 0
http://german.germany.usembassy.gov

Konsulate in Düsseldorf, Frankfurt a.M., Hamburg,
Leipzig und München

Botschaft der Bundesrepublik Deutschland
2300 M Street NW
Washington, D.C. 20037
USA
Tel.: +1 (202) 298 - 4000
www.germany.info

Konsulate in Atlanta, Boston, Chicago, Houston, Los
Angeles, Miami, New York und San Francisco. Jedes
Generalkonsulat hat einen festgelegten Konsularbezirk.

German American Chamber of Commerce (GACC)
Deutsch-Amerikanische Handelskammer (AHK)
75 Broad Street, 21st Floor
New York, NY 10004
USA
Tel.: +1 (212) 974 - 8830
E-Mail: info@gaccny.com
www.gaccny.com
www.ahk-usa.de

Weitere Standorte in Atlanta und Chicago sowie Zweig-
stellen in Houston, Philadelphia und San Francisco.

Germany Trade and Invest

Claus Habermeier
c/o German American Chamber of Commerce
75 Broad Street, 21st Floor
New York, NY 10004
USA
Tel.: +1 (212) 584 - 9715
www.gtai.de

Deutsch-Amerikanisches Business Council

170 Beacon Street
Boston, MA 02116
USA
Tel.: +1 (617) 549 - 5978
www.gabc-boston.org

Kontaktadressen für Österreicher

Botschaft der Vereinigten Staaten

Boltzmanngasse 16
1090 Wien
Österreich
Tel.: +43 (0) 1 / 31339 - 0
E-Mail: embassy@usembassy.at

Österreichische Vertretungsbehörden in den USA

Die Adressen der über 30 Konsulate finden Sie unter
www.bmeia.gv.at

Außenwirtschafts-Center Österreich

Wiedner Hauptstraße 63
1045 Wien
Österreich
Tel.: +43 (0) 5 / 90 900 - 4178
http://wko.at/awo

Außenwirtschafts-Center NY – Austrian Trade Commission

120 West 45th Street
9th Floor
New York, N.Y. 10036
USA
Tel.: +1 (212) 421 52 - 50
http://wko.at/awo/us

U.S. Austrian Chamber of Commerce

165 West 46th Street
Suite 1113
New York, NY 10036
USA
Tel.: +1 (212) 819 - 0117
E-Mail: office@usaustrianchamber.org
www.usaustrianchamber.org

Kontaktadressen für Schweizer

Embassy of the United States Bern

Sulgeneckstrasse 19
3007 Bern
Schweiz
Tel.: +41 (0) 31 / 357 70 - 11
http://bern.usembassy.gov

Botschaft der Schweiz
2900 Cathedral Ave. NW
Washington, DC 20008
USA
Tel.: +1 (202) 745 - 7900
www.eda.admin.ch

Osec – Business Network Switzerland
Stampfenbachstrasse 85
Postfach 2407
8021 Zürich
Schweiz
Tel.: +41 (0) 44 / 365 51 - 51
www.osec.ch/de/country/USA

Swiss Business Hubs
Olympia Centre, Suite 2301
737 North Michigan Avenue
Chicago, IL 60611 - 0561
USA
Tel.: +1 (312) 915 - 4502 oder - 0061
www.swissbusinesshub.com

Staatssekretariat für Wirtschaft – SECO
Holzikofenweg 36
3003 Bern
Schweiz
Tel.: +41 (0) 31 / 322 56 - 56
www.seco.admin.ch

Switzerland Trade and Investment Promotion
633 Third Avenue
30th Floor
New York, NY 10017 - 6706
Tel.: +1 (212) 59 95 70 0 - 1032
E-Mail: contact@locationswitzerland.com
www.locationswitzerland.com

Informationen im Internet

Economic Development Alliances/Agencies gibt es an verschiedenen Standorten. Diese Agenturen geben oft kostenlos Auskunft, denn es ist ihre Aufgabe, Investoren und potenzielle Arbeitgeber für ihre Region zu interessieren und bei der Ansiedelung zu unterstützen.

Beispiele:
www.nycedc.com – New York City Economic Development Corporation (NYCEDC)
www.theallianceonline.com – The Fort Wayne-Allen County Economic Development Alliance

www.nmessen.com/usa – Übersichtlicher Messekalender für die USA

www.case-europe.com – Informationsseite des Council of American States in Europe (Case). Case unterstützt europäische Firmen beim Projektmanagement in den USA.

http://cpi.transparency.org/cpi2011/results – Korruptionsindizes von Transparency International

www.i18nguy.com/translations.html – Marketing translation mistakes – Auf dieser Seite finden Sie witzige, peinliche und schreckliche Übersetzungsfehler, die ausländische Firmen im USA-Marketing gemacht haben.

http://german.germany.usembassy.gov/handel – Die Amerikanische Botschaft stellt Informationen über Wirtschaft, Handel und Ressourcen in den USA zur Verfügung.

www.foreign-trade.at – Datenbank mit rund 1.200 österreichischen Außenhändlern

> GKUSA0 Updates, News und aktuelle Informationen zur Geschäftskultur der USA

Literaturhinweise

Bill Bryson, **Streiflichter aus Amerika: die USA für Anfänger und Fortgeschrittene**, Goldmann Verlag, 2002.

Fons Trompenaars, **Handbuch Globales Managen. Wie man kulturelle Unterschiede im Geschäftsleben versteht**, Econ Verlag, 1993.

Edward T. Hall, **Understanding cultural differences**, Intercultural Press, 2000.

Jürgen Heideking, **Das Lösen der Bande: Die Formulierung der Unabhängigkeitserklärung und der**

Verfassung. In: DIE ZEIT Welt- und Kulturgeschichte, Band 10, 2006, S.492–504.

Gert Hofstede, **Lokales Denken, globales Handeln. Interkulturelle Zusammenarbeit und globales Management**, Dt. Taschenbuchverlag, 2006.

Stephan Schiffman, **Closing Techniques that really work**, Adams Media Corporation, 1999.

Stephan Schiffman, The 250 Sales Questions to Close the Deal, Adams Media, 2005.

Craig Storti, **Americans at Work, A Guide to the Can-Do People**, Intercultural Press, 2004.

Danksagung

Folgenden Menschen möchte ich für die Unterstützung bei der Entstehung dieses Buches danken:

Meiner Lektorin Katrin Koll Prakoonwit – *I couldn't have done it without you!*

Sophie Appl und Caroline Mulert für die Recherchen.

Carol de Vitto, Scott Stephens, John Kirsten und Dave D. Dowdy für die Interviews.

Keith Calhoun Senghor für seinen Rat zu den Themen Verträge und Unabhängigkeitserklärung.

Evelyn Y. K. Lee für ihren Input zur Struktur von US-Unternehmen.

Meinen amerikanischen Freunden für ihre Gesprächsbereitschaft, auch zu ›kritischen‹ Themen.

Stichwortverzeichnis

»Ein ernstes Thema auf witzig, amüsante Art und Weise behandelt, so macht das Lernen aus Fehlern anderer richtig Spaß. Selbst als erfahrener USA-Reisender werden Sie an dem Buch Gefallen finden.« (I. Ullmann, usa-reise.de)

Kai Blum

Fettnäpfchenführer USA – Mittendurch statt drumherum

ISBN 978-3-943176-16-2

Mal ehrlich: Wie gut kennen Sie die USA denn nun wirklich? Klar, Sie haben schon zahllose amerikanische Filme gesehen, aber wissen Sie, welche Besonderheiten es beim Arztbesuch in den USA gibt, was Sie im Straßenverkehr beachten müssen, um nicht verhaftet zu werden, und welche Dinge Sie sagen und vor allem nicht sagen sollten?

Egal, ob Sie den Urlaub oder eine längere Zeit jenseits des Atlantiks verbringen wollen, die Zahl der Fettnäpfchen, in die Sie unwissend tappen können, ist groß. Wenn Sie sich darauf nicht gut vorbereiten, wird es Ihnen wie Torsten F. und Susanne M. ergehen, die sich bei ihrem ersten Aufenthalt in den USA fortlaufend blamieren.

»Das Buch ist rundum gelungen. Unterhaltsam und informativ.« *(zeitzonen.de)*

FETTNÄPFCHENFÜHRER
Die Buchreihe, die sich auf vergnügliche Art dem Minenfeld der kulturellen Eigenheiten widmet.
www.fettnäpfchenführer.de

Bisher u.a. erschienen

CONBOOK VERLAG
www.conbook-verlag.de